内在的力量

在潜意识里与自己相遇

路侠 著

中国青年出版社

目录

第一篇　心灵断裂

第一章　一场酝酿了3000年的革命 _003
　　第一节　弗洛伊德不是骗子 _005
　　第二节　能解决火星上的问题，不能化解心中的危机 _010
　　第三节　潜意识是终极答案 _013
　　案例：帮助8岁的孩子找回失去的世界 _017

第二章　潜意识的奥秘 _021
　　第一节　三个层次三重世界 _023
　　第二节　能量场 _027
　　第三节　负信息 _031
　　案例：从"富二代"纨绔子弟到"创二代"，
　　一个人的能量场是如何重新构建的？ _034

第二篇　重塑世界

第三章　潜意识才是你真正的主人 _041
　　第一节　95%的问题，都不是靠大脑解决的 _043
　　第二节　为什么倒霉的总是你 _048

第三节　潜意识决定人生格局　_051

第四节　人人都有一个与生俱来的能量库　_055

第五节　每个人只发挥了5%的能量　_060

案例：从求职被拒到年薪百万　_064

第四章　开发潜意识首先要排除负能量　_069

第一节　负能量无处不在　_071

第二节　负能量出不去，正能量进不来　_077

第三节　影响个人成功的五大负能量　_082

第四节　阻碍企业发展的五大能量障碍　_089

案例：传递大爱是排除负能量的最好办法　_094

第五章　链接宇宙信息　_099

第一节　不打破固有思维，上帝也帮不了你　_101

第二节　心想事成的秘密　_104

第三节　心定万事皆定——找到自己的频率　_110

第四节　与下属心灵链接，打造一流团队　_115

第五节　为什么下属会背叛　_119

第六节　与市场同频，打通财富能量场　_122

案例：不断调整频率，迎接人生进步　_126

第六章　打通意识与潜意识，还原本我　_131

第一节　通过意识，才能到达潜意识　_133

第二节　与潜意识沟通的四种途径　_137

第三节　潜意识之路的终点是本我　_139

第四节　痛苦源自苛求太多——回归本性　_143

第五节　做好自己才是真理　_147

案例：让潜意识接管你的生命——成功人士如何突破瓶颈　_151

第三篇　回归灵性

第七章　即将到来的第四次浪潮　_157

第一节　文明在发展，心性在退化　_159

第二节　未来世界是被心灵塑造的　_162

第三节　灵性的高度将是未来成功的标准　_165

案例：印度古庙文明对话之旅　_168

第八章　潜意识能量开启人类大未来　_175

第一节　人人都有感知力　_177

第二节　领导力革命：领导者最高境界不是给予，是引路　_180

第三节　潜意识能量运用将成为一门显学　_187

第一篇

心灵断裂

第一章

一场酝酿了 3000 年的革命

第一节
弗洛伊德不是骗子

CPH4？

2014年上映的超级大片《超体》，激发了人们无数争论和遐想。在电影中，CPH4是人提升大脑使用率、开发潜意识能量的激活药物，会让人变成无所不能的"超人"。

很多人看过这部电影之后对人的潜意识产生了浓厚的兴趣，不过现实生活中并不存在CPH4，它是电影中虚构出来的。但是，人类历史上对真正的"CPH4"的寻找从未停止，这种艰苦的探寻甚至可以追溯到柏拉图所在的年代。

如《超体》中所讲，一个人的潜意识中蕴含着巨大的能量，潜意识开发程度决定了这个人成就的高低。现实中多数人对于潜意识的认识还处在表层，不过，一场开发潜意识能量的革命即将到来，人类将向新的领域拓展，获得前所未有的能量，这股能量将成为解决所有问题的万能钥匙。

在人类的历史长河中，很多新理论的发现和创造都要遭受重重的质疑，这些真理的发现者被当时的权威称作"骗子"，甚至为此付出生命。所以说，人类文明的历史也是一部为"骗子"正名的历史。布鲁诺曾被称为"骗子"，他为了捍卫"日心说"，不惜付出被烧死的代价；伽利略也曾被称为"骗子"，同样是因为探索自然规律，他被迫跪在教会冰冷的石板地上写悔过书，并被判处终身监禁；达尔文提出"进化论"的时候也被称为"骗子"，但今天进化论已经成为一种常识……这样的例子不胜枚举。

潜意识研究的发展史就是一部为"骗子"正名的历史。今天，潜意识方面的研究已经逐渐走向大众，尽管很多人并不熟悉，但至少有所耳闻，这离不开那些先贤们锲而不舍的努力。

自从人类脱离蒙昧、低级的状态，用意识而非本能来指导生活，关于意识与潜意识的思考便从未停止。起初没有潜意识的概念，人们也只是把它当作无意识、下意识，以及意识在执行过程中犯的一些小小的失误。到后来，人们渐渐意识到潜意识的力量，但这种认识是朦胧的，只能描述大概，无法说透。

古希腊哲学家柏拉图曾经在自己的著作中提到，人身上有"有意识和无意识的行为"，不过这样的说法并没有引起太多的注意，也没有人进行进一步的研究。

直到1678年，潜意识才被正式提及，出现在英国神学家拉尔夫·柯德沃斯的学说中，书中说："生命中可能存在着某种我们不能清晰地意识到或不能及时注意到的能量——对于它的作用，我们称之为生命的感应。"这里对"生命的感应"的描述已经接近潜意识。

19世纪末，潜意识领域的研究迎来了第一座高峰，也是潜意识研究领域最大的"骗子"——弗洛伊德。

1881 年，25 岁的弗洛伊德在维也纳大学拿到了医学博士学位，成为一名精神病医生。大量的精神病临床实践为他积累了丰富的研究资料，他渐渐发现很多精神病人其实没病，只是心中的欲望、本能遭到了压抑。他由此入手，进入潜意识的研究。可能连他自己都想不到，他找到了一把打开人类精神世界的钥匙。弗洛伊德认为人的所有意识都起源于潜意识，一个人童年受到的伤害会烙在潜意识中，伴随这个人一生，而梦是通往潜意识的途径，尽管这条道路迂回曲折，需要解读。

这位奥地利的精神医生声称人类大脑中存在着一股强大、神秘、不被察觉的力量，主导着人类的精神世界。弗洛伊德所谓的人类大脑中那股神秘的力量指的正是潜意识中的能量。

在此之前，人类一直坚信自己是智慧的、理智的，主宰自己命运的是经过理智考虑的意识，这种认识已经深入人心，毋庸置疑。可想而知，弗洛伊德的发现引起了怎样的轩然大波：学术界的部分同行称这个说法是"幻想"，"毫无道理可言"。普通人更直接一些，他们觉得弗洛伊德是个骗子，因为这个人居然想通过"聊天"给人治病，还揪住病人童年和梦的细节问个不停。

无论如何，有一个开始总是好的。弗洛伊德之后，经过一代又一代心理学家、医学家、社会学家对潜意识的研究，人们逐步接受、认可了这个概念，并在这个领域不断深耕，成果越来越惊人。

弗洛伊德的学生荣格提出了集体潜意识理论，认为人类的潜意识中承载着前人的经验和智慧，并且潜意识中的智能可能比意识更具洞察力。再后来的弗洛姆认为，不同的社会环境中，人的意识和潜意识是有区别的，这便是社会潜意识理论。

从弗洛伊德到荣格，再到弗洛姆，从个体潜意识到集体潜意识，再到社会潜意识，人们对潜意识的认识越来越清晰。尤其是伴随着医学科技的发展、各种仪器的诞生，人们对潜意识不再抱有怀疑。之前人们只知道有一种无形但强劲的力量影响着自己做决策，但说不清楚它是什么，更不可能打开大脑去查看，但是现在可以了。比如，通过监测单个神经细胞的电流输出，可以了解人体神经活动的分布。在与一个人聊到童年不幸经历的时候，就能准确定位大脑中负责相关记忆的区域，甚至能观察到这部分大脑中已经化作潜意识的悲惨经历怎样被激活，进而影响这个人当下的决定。

对潜意识认识越多，一条关于潜意识能量运用的脉络图便越清晰。远古时期人类的祖先虽然物质上落后，但精神上更加接近"天人合一"，更懂得运用宇宙的智慧。伴随着文明的发展，人类先后经历了农业时代和工业时代，进入了当前的信息化时代，但在这个过程中逐渐远离了心性上的修行，远离了潜意识智慧的运用，呈现出一种"时代在进步，心性在衰退"的奇怪现象。具体表现有：人的贪欲增强，彼此之间缺乏心灵沟通，关系紧张；社会层面上，道德底线一再被突破；人类甚至开始向自己的家园下手，大肆破坏居住环境，各种污染越来越严重……

随着心性衰退到低谷，越来越多的人意识到潜意识能量的强大和心性修炼的重要，人类将重新关注当年老祖宗使用的力量，迎来下一拨浪潮，即第四次浪潮：潜意识革命浪潮（人类在进入农业时代、工业时代、信息时代时经历了三次浪潮）。

在未来，潜意识能量的开发，加上科学技术的进步，人类将创造更加灿烂的文明。

潜意识领域的研究正在经历"启蒙阶段"，下面还有很多重要工作需要去做。

如今，不再有人觉得弗洛伊德是骗子，而是把他奉为心理学、潜意识研究领域的先师。但这并不代表他的学说就是完美的，毕竟社会在发展，人们对潜意识的认识在不断提高。

弗洛伊德认识到了人类大脑中存在另外一个世界，即潜意识，但他没有告诉我们该怎样运用这股能量；荣格发现了人类的潜意识中蕴含着古人的智慧，但更重要的问题是如何开发其中的正能量，如何屏蔽和排除负能量的影响；弗洛姆超越个人和集体，从社会层面上考虑潜意识，可以让我们认识到当下社会环境中人心贪婪和浮躁的根源，可能最好的解决之道并不复杂，只要做到还原本我……

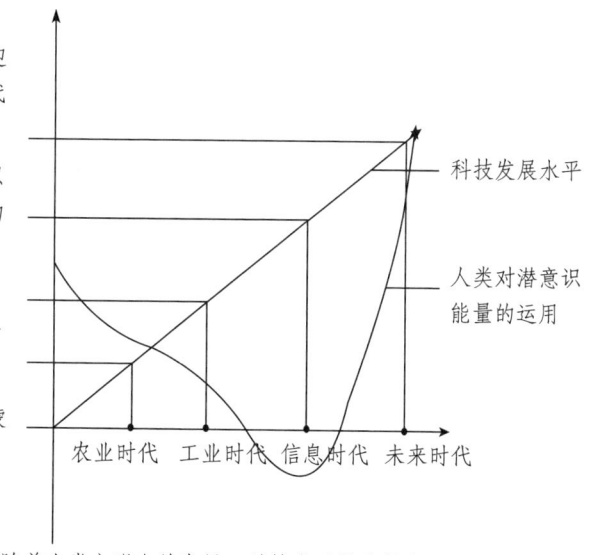

伴随着人类文明向前发展，科技水平越来越高，但对潜意识能量的运用越来越少，心性衰退到最低点，跨过当下这个拐点，人类将迎来以运用潜意识能量为标点的第四次浪潮。

柏拉图也好，弗洛伊德也好，他们都是巨人，但正是因为站在了巨人的肩膀上，我们今天能比巨人看到更远的风景。潜意识是个精彩的大世界，决定一个人人生的关键，经过千百年的努力，现在这扇智慧的大门已经开启。

第二节
能解决火星上的问题，不能化解心中的危机

> 这是最好的时代，这是最坏的时代，这是智慧的时代，这是愚蠢的时代；这是信仰的时期，这是怀疑的时期；这是光明的季节，这是黑暗的季节；这是希望之春，这是失望之冬；人们面前有着各样事物，人们面前一无所有；人们正在直登天堂，人们正在直下地狱。
> ——狄更斯《双城记》

100多年前，一群经济学家聚在车水马龙的纽约，畅想这座新兴都市100年后会是什么样子，他们给出的结论很悲观，100年后这个城市将不复存在。原因很简单，纽约人口将会一直增加，作为主要出行工具，马车数量也会相应增加，100年后单是这些马的粪便也会把纽约城埋没。

如今纽约依旧是国际大都市，并没有被马粪淹没，因为人类发明了汽车。

科技的发展彻底改变了人类的生活模式，尤其是互联网的诞生，智能手机的发明。人类文明达到了前所未有的高度，甚至能把探测器送上距离地球亿万公里之外的火星。

但是科技不是万能的，同样是纽约这座城市，100年前就被称为"罪恶之都"，犯罪率居高不下，今天依旧没有摆脱这个恶名。越来越多的人开始借助心理医生的帮助，缓解内心的危机。科技能挽救一座城市，但不能挽救一颗迷失的心。

纽约只是当今社会的一个缩影。一方面人类拥有越来越高的科学技术；另一方面人类越来越迷茫。物质文明的发达，精神世界的崩塌，像是一个人一条腿强壮有力，一条腿得了小儿麻痹症。现代人就是在这种"病态"下努力去平衡生活、工作、家庭的关系，每天活在透支和迷失中。

近些年名人自杀的案例不时见诸媒体报道，这其中有企业家，有演艺明星，也有政府官员，2014年甚至出现过11天内4位媒体高管自杀的悲剧。

> 2014年4月28日，新华社安徽分社副社长、总编辑宋斌自杀；5月4日杭州《都市快报》副总编辑徐行自杀；5月6日湖南省湘乡市广播电视台副台长贺卫星自杀；5月8日，深圳报业集团《晶报》原编委、广告部总经理张敬武自杀……他们的离去都是因为同一个原因，抑郁症。徐行在自杀前面临着巨大的工作压力，长期失眠。贺卫星的遗书开篇便写道："痛、痛、痛！"并提到"工作压力巨大"。

按说这样的悲剧应该让人感到震惊，但更可悲的是，人们已经习惯了这样的事情。因为抑郁症自杀的人在逐年增加，屡见不鲜。数据显示，全球每40秒钟就有1人死于自杀，中国每年至少有25万人死于自杀，自杀未遂者高达200万~250万人。

一个引发人们深思的现象是，越是发达的国家和地区，抑郁症患者越多，比如日本、欧美，以及经济飞速增长的中国。北京、上海、深圳等大城市抑郁症患者也明显高于其他地区。另外，收入越高、学历越高、职位越高的人，抑郁症患者比例越高。董事长、企业高管、官员死于抑郁症自杀的新闻频频传出，很多人对此已经麻木了。

"这是最好的时代，也是最坏的时代"，150多年前狄更斯写下了这句话，拿到今天用来形容当下的社会再合适不过了。这是一个当之无愧的"大时代"，社会呈现出了当之无愧的"大繁荣"——科技迅猛发展，物质生活丰富，局势相对稳定，人与人之间更趋于合作，但繁荣掩饰不住背后的"大危机"。

当下时代五大危机：

个人危机：贪婪的欲望让人失去定力，纯真本性让位于贪、嗔、痴，人心的险恶、阴暗、狡诈被释放出来，不再遵循道德准则做事，迷失自我。

家庭危机：离婚率逐年上升，婚外情已成常态，少年愈加叛逆，犯罪屡见不鲜，孝敬老人浮于表面，无数家庭名存实亡。

企业危机：缺乏忠诚机制，没有契约精神，企业文化匮乏，管理没有体系，老板缺乏对员工的关心和尊敬，员工的个人目标与企业目标背离。

社会危机：拜金主义盛行，人际关系淡漠，整个社会笼罩在一股浮躁和焦虑之中，道德底线一再被突破，社会风气越来越差。

环境危机：一味追求发展，无视对环境的破坏，导致"癌症村"频现，自然灾害频发；偷猎、盗猎严重，没有悲悯之心，致使一些物种灭绝。

这是一个"人人都有病"的时代，"病急乱投医"也就不足为奇。

有钱人信教的、吃素的多了,让孩子从小接受艺术教育的家长多了,想要从古人先哲那里获得答案的人多了,于是看国学、哲学类书籍的人也多了……"大危机"时代,人人都想寻求解脱,努力找寻一条出路。

所有危机归根结底都源自心灵危机,但化解心灵危机依靠的显然不是科技,也不是哲学、艺术、文化,甚至不是宗教,这背后有一股更强大的力量存在。

第三节
潜意识是终极答案

一个人到饭店吃饭,服务员把他点的汤端上来,他眉头一皱,说:"这怎么喝?"服务员听到这话,把汤端回厨房,重新端来了一碗。他还是那句话:"这怎么喝?"服务员又给他换了一碗,他对服务员说:"还是没法喝啊!"服务员没了好脾气,问他:"你对我们的汤到底有什么意见?"这人哭笑不得,说:"我对你们的汤没有意见,只是没有勺子我实在没法喝下去。"

有时候我们找不到一个问题的答案,并非问题有多难,而是我们找错了方向。缘木求鱼,南辕北辙,结果离答案越来越远。在寻找心灵危机的解决之道上面,多数人犯下了和上面那位服务员同样的错误。

化解心灵危机的答案在哪里?医学能维护人体的健康,科技能提升人类的生活品质,哲学能启迪人的心智,艺术能陶冶人的情操,文化让人更有凝聚力……但这些都不是答案,因为它们没有触及问题的核心。

对于化解心灵危机来讲,这些手段的作用只能说是隔靴搔痒。

强制化的管理手段不能解决人心问题,小到家长教育子女,大到企业对待员工都是如此。一个人在强制、压制的状态下,可能会为了短期利益,或者迫不得已,同意这种做法。但是别忘了,这时候他的思维和意识处于被压抑的状态,等到他的心灵开始波动、绽放,便会做出反抗的举动。很多企业会从物质层面满足员工,没有去对接员工真正的需求,没有让他们在心灵层面获得绽放。无论是强制手段,还是物质手段,都是从表象上解决问题,只能说是一种交易,没有触及问题的核心。

科学技术可以来研究、概括人心问题,但不能解决这些问题,因为科学技术是死的,人的心是活的。近些年来,尤其是医学领域,很多高科技技术被用来分析人类大脑和心理的问题,但机器终归是机器,人心理层面的问题层出不穷,非常复杂。科学技术能做的,往往只是一些数据收集和分析,并不能解决根本问题。

信仰原本具有解决人心灵问题的能量,但多数人只是在表面上信,功利地信,所以不会见到效果,甚至好多人信着佛就改成信基督了,信着基督就改成信佛了,让人啼笑皆非。经过上千年的发展,每一种信仰都有自己的理论,都形成了自己的体系,但他们最终的目标是一致的,教人摆脱痛苦,回归本性。带有功利性的信仰,只是表面的信,不能对接内心,真正的信仰是要深入心灵,从灵魂层面与信仰对接,最终获得心灵和灵魂的提升。如果不让自己的信仰深入,只是心里想着让佛祖、上帝保佑你发财,那结果是显而易见的,最终什么都不会得到。

每个人走过的道路不同,经历不同,面临的挫折不同,或是婚姻方面,或是事业方面,不一而足,但多数人在面对心灵危机的时候都犯了同一个错误:他们从意识层面入手解决精神层面的问题,而意识是随时会随环境、心情变动的，所以这种解决方式对于精神层面的问题只能治标，不能治本。

真正能主宰人的意识和精神的是潜意识，潜意识才是化解心灵危机的关键！

人的意识和潜意识都忠诚于自己的主人，也就是你。虽然都是为你好，但它们的工作模式不同，效果自然也就不同。

当一个人焦虑的时候，意识提供的解决方式是抽支烟、大醉一场，缓解一下；当一个人愤怒的时候，意识提供的解决方式是找人大吵一架、摔东西，发泄怒火；当一个人定力不足的时候，意识提供的解决方式是暴饮、暴食，甚至是吸毒，用刺激麻痹大脑，让自己产生一种掌握人生的幻觉……

意识提供的解决方式都是"止痛针""安慰剂"，当药效过去，疼痛照样还在，焦虑、愤怒、失控一下子全都回来了。你非但没能把它们赶走，可能还会对这些"药物"产生依赖，不能自已。但从潜意识入手，找出问题根本，就能从病因上彻底消除伤痛。

曾经有一位母亲对我哭诉，她和自己18岁的女儿关系很僵，她不明白自己把所有的爱都给了女儿，为什么女儿事事都跟她对着干。

我让她详细谈谈，她开始历数自己为女儿做过的事情，以及女儿对自己的漠视和无礼。她软硬兼施，打过、骂过女儿，也给她买过昂贵的衣服和乐器，但无论她做什么，都在把女儿推向离自己更远的地方。她的意识告诉她，这一次应该强硬点，下一次应该用"糖衣炮弹"，但最终都失败了。

经过了解，我不认为她的女儿有什么问题，一些叛逆的举动也是青春期的正常表现，反而我觉得这位母亲有问题。

事实果然如此，她小时候父母离婚，母亲改嫁，她跟着母亲到了另外一个家庭中。她的童年不快乐，她觉得自己没有得到足够的重视，所以自己有了孩子之后百倍宠爱，有求必应。等到孩子慢慢长大，开始意识到母亲的疼爱是一种控制和束缚，便想逃离，而母亲不知道问题出在哪里，还在一味责怪女儿不懂事。

她的"病根"在潜意识中，她一直没有走出童年的阴影，但她对此完全没有察觉。我跟她谈，童年的不幸不是你的错，父母也有他们的苦衷。你不希望女儿受到冷落说明你是一个合格的母亲，但是你在孩子身上投射了太多的自己，你不仅想让孩子快乐，还想让她帮你弥补自己当年的遗憾。你给孩子的爱太沉重了，你的女儿压力太大，所以总在逃避你。

分析完之后，我给她安排了一个任务——和解。我告诉她，你应该跟当年的自己和解，不要再觉得委屈；你要跟父母和解，不要再责怪他们；你跟女儿也要和解，告诉她你爱她，但会给她自由，不再让这种爱成为负担。

这位母亲后来给我发来一条信息，什么话都没说，只有一张母女俩的合影照片，两个人笑得很灿烂，我相信她的问题已经解决了。

这种情况还有很多，人们一边围着痛苦打转，一边不知道问题出在哪里。

这是一个迅猛发展的时代，人类高度依赖合作，人与人之间、人与团队之间、人与社会之间的关系从来没有像今天这样紧密过；这又是一个心灵断裂的时代，人与人之间、人与团队之间、人与社会之间的关系从来没有像今天这样难以逾越。上帝关上一道门，必定给你打开一扇窗，开发潜意识中的能量就是心灵断裂的解救之道，是化解人生困局的终极答案。

从远古时期开始，人类就在探求大脑中那股说不清但又很重要的神秘力量，从柏拉图到弗洛伊德，到荣格，到弗洛姆，再到今天，第四次浪潮扑面而来，我们终于得以进入这扇神秘又迷人的大门，得到一种重新开启人生的可能。

案例：帮助 8 岁的孩子找回失去的世界

当下著名作家格非的小说《春尽江南》中有一个令人深思的故事。母亲家玉对自己的宝贝儿子若若疼爱有加，同时她作为一名事业有成的律师，能给儿子提供优越的成长条件。一次她去西藏旅游，从一位喇嘛手中带回了一只鹦鹉，作为礼物送给儿子。她当时还想不到，这只鹦鹉将会在儿子的生命中扮演怎样的角色。

若若是独生子女，虽说父母疼爱有加，但心理上还是缺乏一个"小伙伴"，这只鹦鹉的到来正好弥补了这份缺陷。没过多久，若若便把鹦鹉视作最好的朋友，每天早上起床、放学回家第一件事便是跟鹦鹉打招呼，甚至有一次他还忍不住把鹦鹉带去了学校，老师不得不给家长打电话，让他们来处理。

起初一家人和这只鹦鹉还能和谐相处，但随着若若的学习成绩不断下滑，母亲家玉开始看这只鹦鹉不顺眼，她认为这只鹦鹉便是儿子学习成绩下滑的罪魁祸首。家玉是那种望子成龙的母亲，她狠狠心，趁着儿子不在家，把鹦鹉赶了出去。

若若找不到鹦鹉了，伤心不已，一个人冒着寒风去小区的树林里寻找，鹦鹉没有找到，还因此得了一场大病。若若看上去一夜之间变得成熟了，也不再提鹦鹉的事情，但如作者所说："若若的童年，他一生中最有价值的珍贵时段，永远地结束了。"

这只鹦鹉将会对若若的性格造成什么样的影响？哪些是正面的，哪些是负面的？书中没有多说，但现实生活有一个相似的案例，足以告诉我们一个人潜意识中的负能量可以达到怎样的威力，如何改变一个人的一生。

潆潆今年8岁，第一次见他的时候我就发现他是个不快乐的孩子，等他父母介绍过后，我知道问题远比他们想象的要复杂。

他的母亲非常知性，是那种有文化的人，但谈起孩子的事情，话语中忍不住带出深深的忧虑："这个孩子太内向，太封闭自己了，我们都不知道该怎么跟他沟通。"

我知道这位母亲的话只说了一半，因为内心封闭的孩子往往是固执的，而固执久了就会变得极端，做出一些常人不容易理解的事情。这位母亲可能是出于对孩子的爱吧，没有把孩子的情况全说出来，但往往造成孩子出现问题的原因便是这些承担不起的"爱"。

与人沟通的第一步是在意识层面，孩子也不例外。当我决定打开这个小朋友封闭的内心时，首先做的也是在意识层面与他交流。我和他见面后开始聊天，很快赢得了他的信任。

赢得信任只是走出了第一步，最关键的是深入到他的潜意识中去，读懂他的内心世界，挖掘出"病根"在哪里。

这时他已经完全放松下来，我们的交流轻松自然，我逐渐意识到过去有一件事对他影响很大，这件事可能发生在很久之前。当话题聊到动物的时候，他变得有些不同，当把范围进一步缩小到鸟类的时候，这种不同更明显了，最后我们把话题锁定在了鸽子身上。就是在这里，我找到了他内心的秘密。

4岁那年他有了一个"小伙伴"，那是一只鸽子，他和这只鸽子建立起了不一般的"友情"，谁知这只鸽子后来竟然被母亲放走了，从那一刻起，他封闭起了内心，对周围的人开始不信任。

当我把这件事说出来的时候，那位妈妈有些不敢相信，她努力回想才记起当年发生的这件"小事"。她不知道，正是这件"小事"，当年一个无意的举动，让孩子的内心封闭了4年，之前多么活泼可爱的孩子，一点点将自己禁锢到黑暗中，只把伪装的一面拿出来示人。

当谜团揭开，母亲给孩子道歉之后，两人的关系逐步和好，这个孩子又找回了一度失去的那个快乐世界。

这样的孩子、这样的家长在我这里有很多。我经常跟一些家长说，与孩子相处不要只用表象去爱，要从意识、潜意识层面去跟孩子链接。

家长的通病之一是把爱停留在表层，甚至以爱的名义绑架孩子的心灵。每个家长都深爱着自己的孩子，但具体到日常的关心时，就只把爱停留在了表层上。很多人觉得，我是妈妈，我比你懂得多，你就要听我的，因为我都是为了你好。当看到孩子学习不好、不认真吃饭，家长就会责备他们，或者花钱送他们上辅导班，变着花样做好吃的，但他们想不到这些问题都是表象，根本原因并不是学校教学质量不好，或者饭菜难吃，要穿过表象，真正去触摸孩子心灵和灵魂层面的一些问题。

很多家长长期忽略孩子的内心世界，觉得把孩子吃喝拉撒照顾好就尽到了责任，给孩子买最好的衣服、最贵的玩具，送孩子上最有名的学校，就算是一个好爸爸、好妈妈。平时不去挖掘孩子潜意识层面的精神世界，一旦出了问题，孩子抑郁了，才发现自己原来这么不了解自己的孩子，但为时已晚，不知道该如何去链接孩子的意识和潜意识。很多人会临时抱佛脚，匆忙去找心理医生，但从心理医生那里往往也得不到满意的答复。心理医生会从内心寻找孩子的"病因"，而最好的方法应该是平时便多与孩子在意识和潜意识上链接，多去触摸孩子的灵魂和内心世界。

同样的道理，一个企业家对待员工的关心也应该深入他们的心灵，而不是停留在表面上。很多老板忽略了这一点，回头还纳闷为什么自己的员工总想着跳槽，为什么自己手下的中层、高层频频背叛自己，问题便出在这里；一个国家对待自己的人民也应该这样做，为官从政的人要真心实意地为百姓做事，想群众之所想，这样社会才会安定，国家才会富强，才能实现和谐中国梦。

小到一个人的工作、家庭，大到一个社会的治理，总是有很多困难看上去难以逾越，这也是问题的关键所在。太多人只在表象上努力，而不知道问题出在心灵深处，需要从潜意识层面入手解决，这是当下最需要普及和解决的一个问题。

第二章
潜意识的奥秘

第一节
三个层次三重世界

2010年上映的好莱坞大片《盗梦空间》令人叫绝，一群特工团队竟然能进入人的梦境，盗取机密，甚至能重塑他人的梦境。故事在梦境和现实之间游走，该片也被称作是一部在意识结构内发生的科幻电影。故事中亮点颇多，比如大家熟悉又陌生的"梦中梦"。每一层梦都有自己的特点，越是深层的梦，越接近一个人的本质。人的潜意识也是如此。

我们已经知道潜意识是人类精神活动的主宰，决定性因素，人类的生存依赖于它，对外界和将来的感知、预判依赖于它，对文明的传承依赖于它。无论你有没有去注意，潜意识都积极参与了你生活中的每一件事情，从不缺席。

潜意识并非一个简单的课题，按照承担的责任不同、发挥的作用不同，人类的潜意识可以分为三层。

每个人都是一个小宇宙，每个人的潜意识都浩瀚无垠，如果把潜意识比作大海，那么如同大海有海边、浅水区、深水区，人的潜意识也分为浅层区、中层区和深层区。

浅层潜意识

潜意识的浅层与意识直接相连，意识层面的能量经过长年累月的积攒，会慢慢渗入潜意识的浅层中，并在一些特定状态下反作用于意识，支配和左右意识。其中最明显的莫过于很多人小时候受到的来自家庭和父母的伤害。

有些孩子小时候父母经常吵架，甚至大打出手，这些负能量影响到了孩子的意识。如果只有一次两次，意识可能会很快忘掉，或者孩子比较大了，他会自动去屏蔽这些信息，但是四五岁的小孩子对这些持续的负能量没有免疫能力。久而久之，这些负能量便从意识层面渗透进了潜意识的浅层，并且储存在了那里，这时候再想让孩子去把这些负能量忘掉已经是不可能的了。很多当事人自己也想去把那些不愉快的记忆忘掉，但总会在不经意间又记起，因为它们已经深入了这个人的潜意识中，流在了他的血液中，留在了他的基因中。

积聚在潜意识浅层中的这些负能量会反过来影响到意识。有的孩子从小便郁郁寡欢，不合群，和别的小朋友玩儿不到一块儿，对大人不信任，撒谎成性，这都有可能是潜意识中的负能量在发挥作用。

更可怕的是，潜意识浅层中的这些负能量潜伏在体内贯穿人的一生，在一些特定的状态下能够与意识链接，影响一个人的思维，左右一个人的行动，甚至会使人做出一些极端的事情来。比如，有些人从小受父母虐待，他们自己成为父母后也会虐待自己的子女，按理说他们应该最讨厌虐待孩子，但这时候他们往往控制不住自己。

相似的情况还有打妻子、酗酒等,这些人清醒的时候对自己犯下的错误痛苦、悔恨,但在某种状态下,却又不受控制,继续犯错。这些人的问题便是出在潜意识中,如果不找对病根下药,很难改变他们。

一位母亲抱怨自己儿子迟迟不肯结婚,不仅如此,一提到相亲、结婚、组织家庭,就会惹得儿子大动肝火。当我见到他的儿子时,发现这是个彬彬有礼的小伙子,只是性格太内向,从小便不愿主动去跟女孩子交流。他有过一次失败的早恋,按说这是很多人都会经历的,属于正常的青春期烦恼,过去就过去了,但他却一直没能走出来,就像古人说的得了"相思病",表现便是对年龄相仿的女性避而远之。时间久了,他开始恐惧感情,因为他已经把这种想法植入到了潜意识中。

不理解的人只会觉得他奇怪,父母对他越来越失望,横加指责,他们不知道这个小伙子自己也在承受煎熬。因为找对了病因,在几次疏导之后,这个小伙子走出了心中多年的阴霾。

中层潜意识

中层潜意识是意识、浅层潜意识通往深层潜意识的一个通道。

很多人对一个人今生和前世的关系感兴趣,美国耶鲁大学医学博士、耶鲁大学精神科主治医师布莱恩·魏斯的超级畅销书《前世今生》便是证明。这本书出版后在全球范围内引起巨大的共鸣,引进中国后也迅速拥有了数量庞大的读者群。

有研究周易的人认为一个人的命运藏在八字之中，通过拆解八字，便能获知这个人的一生。但是现实生活中，很多双胞胎八字相同，命运却截然不同，这又如何解释？如果八字中也蕴含着能量的话，显然这份能量不是来自后天的生长环境，而是先天的储备。所以，双胞胎看似有同样的生长环境，但先天能量储备不同，也会有不同的命运。

你今天的修为影响将来，需要一个能量储藏库，把逐步积淀的正能量储藏在那里。

深层潜意识

深层潜意识中承载着生生世世的经验和智慧，也是一个人最本真、最古老的原点，如同大海的深海区，到达那里的人很少，但那里储藏的宝藏也是最多的。

当一个人的深层潜意识得到开发、激活，便会释放出巨大的智慧和能量，能够帮助一个人更容易看清人生轨迹上众多的路径和拐点，从更高的角度来明了和看待我们人生道路上所发生的每一个选择，当我们怀着更高的使命感来看待这些历程时，可以更清晰、更广阔地看待自己、他人和整个生命，从而拥有更加广阔的人生。基于我们自己已经走过的前半段的人生轨迹，往更高的层次去走，我们的意识层次、社会成就，以及家庭关系都会走向更高的层面，从而收获更加丰盛和富足的人生！

当一个人深层潜意识得到开启，长久困扰他的一些问题便有了答案。比如突破和超越一些隐藏在内心、阻挡着我们实现目标的执念，令目标更加有效地达成；我们还有机会明确自身与生俱来的天赋、才能和潜质，这些决定着我们所选择的学业或行业方向，而在此之前的选择可能根本在违背自身的天赋，走错了方向，或者没有把握好正确的时机；还有就是当我们在家庭中与父母、伴侣或孩子之间关系不和谐时，我们会获得指点如何面对和调整；还有你需要成长的领域，你的哪些模式、信念和决定影响了你与金钱、事业的关系；以及更高深的层次：你来到世间的目的和使命。

打开潜意识便是打开了一扇智慧之门，走上生命势能提升的道路，但是这条道路并不好走，尤其是对于初入此领域的人来讲。**本书便是一本翔实的潜意识开发"教材"，带你认识到潜意识的能量如何强大，带你走进这种能量，触摸这种能量**，欢迎加入这一奇妙的旅途。

第二节
能量场

想要开发潜意识，触摸更高的智慧，提升生命势能，需要有一个合适的能量场。何为能量场？这需要从世间万物的本质说起。

世间万物的本质是能量。

宇宙中蕴含着巨大的能量，地球源自宇宙大爆炸，所以这种能量同样分布在世间万物中。量子物理学已经证明，一切物质在亚原子水平里都是纯粹的能量。因此，宇宙中的一切，包括人类都是由能量组成的。石油中有能量，煤炭中有能量，一棵树、一朵花、一粒沙子中都有能量。你的动作中有能量，你的思维中有能量，你的思想、感觉、意识、潜意识中同样蕴含着能量。可以说：世间万物的本质是能量，能量无处不在。

能量以振动的形式存在，并且有各自的频率。

世间万物都在振动。第一次听到这个说法的人可能会莫名其妙，没错，除了你看得到的汽车在跑，人在走，树叶在风中翻滚，你眼前的桌子在动，椅子在动，甚至整座楼都在动，万事万物都在振动。听上去不可思议，但其中的道理不难理解。

在量子力学等学科内，物质的振动是常识。普朗克博士是1918年诺贝尔物理学奖获得者，被称作量子理论之父，他的另外一个身份是爱因斯坦的老师。他对原子研究到最后，得出的结论是："世界上根本没有物质，所有的物质都是由快速振动的量子组成的！"

如果把世间万物切割、细分，再细分，能得到的最小的单元是原子，可以说所有物质都是原子不同的组合排序，而原子则是由围绕着原子核运动的电子组成。这样理解的话，万物都在振动，你的房间在振动，你养的花草在振动，你的电脑在振动，你的饭菜、你的宠物都在振动。宇宙便是以振动的形式存在。

拿我们最熟悉的人体来举例，人只要还有生命，他的心脏就在跳动，他的血液就在流淌，他的肺就在呼吸。组成人体的基本单位是细胞，每一个细胞都在活跃。当生命逝去了，人体又以另外一种方式振动着。

关于宇宙万物的振动，古埃及和古希腊的"秘传哲学"，以及东方的佛陀，都有提及。他们都承认："宇宙万物都在动，都是由振动组成的。"

有的振动是有形的，有的振动是无形的，区别在于两者振动的频率不同。桌子、椅子、石头等振动频率低，便以物质的形式存在；而人类的思想、意识、意念等振动频率非常高，便以无形的状态存在。这里说的无形不是真的无形，而是人的肉眼观察不到，如同一辆车速度快到极限之后，人用肉眼看不到，便以为它不存在了，其实不然，它依旧存在。

人的眼睛往往会骗自己的大脑，你看到的并非事物真实的一面，如同佛教《般若波罗蜜多心经》中所说的："色即是空，空即是色。"佛陀的智慧并非妄言，是经得起科学验证的。

世间万物的本质是能量，能量之间是能彼此召唤和转化的，只要它们处在同样的频率上振动，也就是同频，通俗地讲就是共鸣。

如果两个人处在同一频率上，有共同的爱好、共同的原则、共同的理想，便会产生共鸣，发生共振，很有可能成为知己；如果一对男女彼此感受到了对方的频率与自己的频率吻合，就会往恋人方向发展，成为伴侣。

同样，伤心的人会发出悲观的频率，这种频率会吸引来哭泣、抑郁、消极；而开心的人会发出开心的频率，伴随他的将是幸福、喜悦、轻松、惬意。

人的意识中蕴含着能量，人的潜意识中蕴含着更大的能量，如何才能开发出这种能量，这是本书的主旨。宇宙作为世间万物的起点，蕴含着巨大的能量，如果能将潜意识中的能量与宇宙中的能量同频共振，就相当于给一台机器提供了无限的动力，这台机器将彻底发挥自己的作用。普通人一生只开发了大脑的5%，如果能够开发另外95%，这个人的势能将得到无限提升，反映到具体生活中，就是事业有成、家庭幸福、人生美满。

我们每个人就像一个发射塔，我们的意识就像一个能源中心，各种不同的意识、念头，都会发射一种能量频率。当一个人的内心有强大的定力，才有可能对接到宇宙中属于自己的频率上，才会得到更高的智慧和能量；但如果内心定力不足，品质有缺陷，不辨是非，可以肯定，他绝对找不到提升自己势能的频率，甚至可能链接到给人带来噩运的频率上，带来更大灾难。这就是为什么总有人在苦恼，明明自己一直在努力、在奋斗，却得不到应有的回报，因为他没有发出正确的频率！

如何找到自己的频率，正确对接有利于自己的宇宙频率，关键在于能量场。

何为能量场？每个人都有属于自己的频率，各种意识产生的频率交织成一个磁场，称作能量场。一个人的能量场中包含了这个人所有的能量，包括正能量和负能量。所以说，每个人都有自己独一无二的能量场。同理，每个社区都有自己独一无二的能量场，每个公司都有自己独一无二的能量场，每个国家也有自己独一无二的能量场。

宇宙、天地、人组成一个能量场，是一个自然的能量系统。如《老子》二十五章所言："人法地，地法天，天法道，道法自然。"

> 道生之，德畜之，物形之，势成之。是以万物莫不尊道而贵德。道之尊，德之贵，夫莫之命而常自然。故道生之，德畜之，长之育之，亭之毒之，养之覆之。生而不有，为而不恃，长而不宰，是谓玄德。
> ——《道德经》

能量场无时无刻不在影响你的人生。如果你有一个好的能量场，便会看上去有精神，举止有修养，做事有道德，好的能量场会给你带来好的运气，好的命运；相反，如果你的能量场不好，会看上去萎靡不振，做事拖沓，常常遇到倒霉的事情，诸事不顺。影响一个人能量场的因素很多，你的信仰，你的欲望，你所处的环境，你每天吃的食物，你的呼吸和一举一动，甚至晚上睡眠的方式，都会影响到能量场。

除了个人命运之外，能量场还会影响到一个社区、一个公司、一个国家的未来。

为什么新加坡一个小小的城市国家的经济如此发达？为什么他们民族素质那么高？原因在于这个国家拥有一个很强大的能量场。这是一个多元种族、教派和信仰并存的和谐国家，在周末国民大多会一家大小共同去敬老院、教堂、佛堂等地做义工，做慈善，形成一种品德高尚、心灵纯净的能量场，经济的发展是顺理成章的。

相反，如果一个地区犯罪率居高不下，住在这里的人能量场一定很弱，人与人之间缺乏尊重和包容，社会风气败坏。总之，他们的能量场中负能量超过正能量，结果只会像一个旋涡吸引来更多的负能量。

多数人并没有激活自身的能量场，平时运用的都是后天的能量，所谓后天之气。一个人每天运动、吃饭、睡觉，都是在给自己补充能量，这些能量能满足一个人过普通生活的需求，但**想要触摸到更高的能量和智慧，超越自我，突破当下各方面瓶颈，必须提升自身能量场的能量。**

因为每个人的性格不同、所处环境不同、思维不同、潜意识不同，所以他们的能量场也各不相同，他们的命运也就不一样，做的事业大小也不一样，家庭、婚姻幸福指数也不一样，人生的快乐和磨难多少也不一样。总而言之，布置能量场是一项复杂、特殊，并非人人能为之的工程。

能量的获得有不同的途径，有的人会通过自己的信仰去慢慢修行，提升能量；也有的人请大师加持能量。有的人努力了多年不见回报，但被高人点拨一下，可能只是寥寥几句话，整个人便找到了正确的方向，很快获得渴望的人生，这便属于语言能量加持。可以理解为，这个人找到了属于自己的能量场，发出了正确的频率，并得到了回馈。这是你生命中的贵人，并非谁都能有幸遇到。

第三节
负信息

世间万物的本质是能量，每一股能量都是一份信息，能量之间的传递和转换可以看作是信息的传递和转换。我们可以说世界是由信息组成的，我们生活的世界可以分解为无数信息，或者，无数信息有机结合，组成了我们生存的这个世界。

有一类信息我们能很明显地感受到，比如四季的更迭，每个季节都有自己的特征，春天的花开，秋天的叶落，夏天的酷暑，冬天的严寒；比如天气的好坏，风是大是小，温度是低是高，你的感受是舒适还是难受。

有一类信息我们不是那么容易判断，比如同事今天不苟言笑，他是遇到了困惑，还是忍着悲伤；比如爱人说让你下班立刻回家，但不告诉你为什么，你不知道等着你的是好事还是坏事。

还有一类信息普通人看不见，这些信息隐藏在一个人的意识、潜意识当中，称为负信息。同样是聊天，心理学家往往能得到一般人得不到的信息，因为他们更熟悉人的意识和潜意识是怎样思考问题的。

当你能看到别人看不到的信息，你就能事事领先一步，抢占先机；或者在灾难到来之前做好准备，成功避开。所以说，这些看不到的信息，即负信息，往往成为决定一个人成败的关键。这便是负信息的重要之处、神秘之处、伟大之处。

信息之所以为信息，是因为它传达出信号，这也是信息的重要性所在。当天上的云彩异样，动物表现反常，井水变混浊，这是大地传递出的信号，告诉人们地震要来了；当你喝完酒头疼、头晕、恶心、胃疼，这是身体发出的信号，告诉你身体不舒服，要看医生了。那负信息传递出了什么样的信号呢？一个人的意识、潜意识能告诉我们什么？答案是一切。

我们知道万物的本质是能量，能量的传递和转化也就是信息的传递和转化。比如人体内的能量，随着科学的发展，我们已经能够记录和测量人体中的微妙能量。脑电图（EEG）就是对脑波的记录，这种记录反映的是大脑向身体细胞传递信息的过程。能量的传输能够携带信息，正如电波和光束通过电缆和光纤传递信息一样。

每个人身上都存在着与之相对应的负信息，从这个负信息中，可以观察到一个人，一件事的发生、发展轨迹和结果。接受过专业训练的心理医生往往能通过聊天、催眠等手段，了解到一个人过去的生长轨迹，生命中重要的节点，资深的心理医生还能推断出这个人以后将会遇到的问题。其中的道理不难理解。语言能传递信息，图片能传递信息，这种传递是通过波动来实现的，我们的意识接收到了这些不同频率的波动，在大脑中还原为信息。一个人身上的负信息也有自己的频率，经过专业训练的医生，或者具有天赋的人能捕捉到这种频率，便能预知这个人的未来。

如今医学上流行一种动物检验法，训练一些动物，比如狗、猫、小白鼠等，它们通过气味便能判断一个人有没有患癌症。这也可以理解为一种对负宇宙信息的捕捉和判断。一些名医只通过"望"（中国传统医学中四种诊断方法"望、闻、问、切"之一），便能判断病人得的是什么病，甚至病情发展到了什么样的阶段。所以说，人的意识和潜意识传递出了很多信息，只是一般人看不到而已。

人的潜意识中蕴含着巨大的能量，如果能捕捉到潜意识发出的信息，将大大有助于潜意识开发和运用，更好地造福人类。

再有，如果能提前判断出一件事物的发生、发展可能会对人们产生危害，我们不会消极等待，坐以待毙。信息通过频率来传播，只要想办法去改变负信息的频率，便能改变事物发展过程中对人们不利的因素，消除危害，让事物的发展走向一个良好的结果。当然，这种事情不是一般人能做到的。

案例：从"富二代"纨绔子弟到"创二代"，一个人的能量场是如何重新构建的？▶

2007年对王鑫来讲是不愿回首的一年，生意上的失败让他的父亲精神崩溃，跳楼自杀，年仅53岁。一夜之间命运180度大转弯，他从一个"富二代"变成了"负二代"，债务高达4000万。2008年，噩运还在继续，巨大伤痛下的母亲在这一年离去。而这一年，他只有28岁。

两年内父母双双离世，王鑫突然之间成了家里的顶梁柱，下面两个孩子，上面还有年迈的爷爷奶奶和姥姥，门外则是天天上门的讨债人。就在这时，他的身体也出现了警报，高血压和糖尿病找上了他……在他人生最低谷的时候，我们通过一个朋友介绍认识了。

家庭的变故，家族企业的危机，加上身体的疾病，已经耗尽了这个年轻人身上的大部分能量，他的思维意识和精神层面都出现了错乱，恐慌、无助，精神上失去了支柱，找不到人生方向，不知该何去何从。他承受的压力太大了，很多人遇到这种事情都很难脱身，甚至会选择轻生，因为他们已经站到了万丈深渊的边缘，无路可走。

我的想法很简单，我要帮他走出这种困境。那种状态下，他能量场中的能量达到了最低值，想要走出困境，甚至让企业起死复生，重振辉煌，需要重新构建一个巨大的能量场。因为他受到的创伤比较大，所以这个构建过程是一个庞大的工程。

第一步，让他树立起一个信念。 让他知道我在帮助他，很多人都在帮助他，他一定会渡过难关好起来的，给他的心里注入希望。

第二步，帮他重新定位自己，重塑人生价值观。我让他知道，他现在已经不是过去的公子哥，也就不要因为曾经的失去再感到痛苦，学会放下过去；他现在是一个重新上路、等待爆发的新鲜年轻的生命，他必须振作起来，以满足这份生命的追求。

第三步，帮他排除负能量。这几年他承受了太多的负能量，身体和精神都处于濒临崩溃的边缘。他的意识、潜意识都在被负能量侵占，重新构建能量场就必须先排除负能量。意识中的负能量可以通过日常的心理沟通来化解，那些已经渗入潜意识中的负能量，则需要花费很多时间和力气，通过特有的能量场来排出。比如，当时他对身边的人有一种恨，这是影响他将来东山再起的一个心魔，必须化解。

王鑫对身边一些亲友耿耿于怀，他觉得自己在最困难的时候这些人没有站在自己身边，他不奢求他们给自己金钱上的援助，但是在一个人的精神失去支柱的时候说几句让人暖心的话总可以吧，而且这些人中当年有不少人都曾从自己家企业中获利颇丰。

我对他说，你不要把自己内心的需求强加给别人，没有人有义务帮你跨过这道坎，你要靠自己。再说，通过这件事情，见识到世间百态，也是你学习和成长的机会。慢慢地，王鑫放下了心中的仇恨，化解了心头的愤怒，把压抑自己已久的负能量排泄出来，身心得到了提升，为重构能量场打下了良好的基础。

第四步，帮他定下心来，发出正确的频率。一个人心定的时候才能发出正确的频率，吸引到想要的事物，做出正确的选择。王鑫当时对自己的能力已经有了初步的自信，但是有一点欠缺，就是没有"主心骨"，这对于一个一夜之间挑起家庭和企业大梁的年轻人来讲很正常。

王鑫决定把父亲留下的工厂卖掉，重新起家，当时各路买主、各路债主整天围着他转，他上午见这个，下午见那个，被各种信息搞得头昏脑涨。他问我该怎么办，我没有告诉他怎么办，只让他记住一句话："心定万事皆定。"

他认真思考了这句话，自己拿定了主意，不再围着别人转，而是兵来将挡，水来土掩，让别人围着自己转。结果，无论是在出售资产，还是偿还债务上，几个关键的选择都做得不错。

第五步，根据自身情况，找到自己的频率。为什么同样一个项目，你去投资就赔钱，别人去做就赚钱？原因很多，综合起来讲，可以说你和这个项目不在一个频率上，没有同频。当王鑫迫切地想要做事的时候，我发现他还是有点太急躁，心态不稳定，这种频率出去做事，往往不会有好的结果，于是我让他先等一等，实际上是在磨炼他的心性，帮他找到自己的频率。

王鑫不理解我为什么不让他出去做事，他觉得自己就像一锅热水，马上就要沸腾了，我应该再给他加一把火才对，但我却总在往里浇凉水，后来等他更成熟一些，他回想当年自己想做的那些项目，自己也知道没几个能做成的，理解了我当初的心意。

2012年之前，有那么三四年的时间，我让他慢慢磨炼，就算是出去跟朋友玩一玩，也不要急着做事。就是这几年，王鑫慢慢成熟起来，能量逐步恢复，我觉得他到了可以出来做事的地步。他先是租了个100平方米左右的办公室，一点点开始创业，生意越做越大，第一家公司效益突飞猛进的时候又开了第二家公司。到2015年，他的两家公司已经搬到了豪华写字楼中，整个一层办公室都是他的，不是租的，是买下的。

第六步，彻底放下心里的包袱，修炼身心。经过一步步调理，王鑫的能量场中充满了能量，他已经重获新生。修行无止境，这时候他可以在更高层次上修行，一步步走向更加和谐的人生，拥抱更加广阔的人生前景。

在把父亲留下的所有债务还清之后，他来到父母坟前，把账单烧了。他对父亲说："现在这个世上所有的人，你都不欠他们的！"另外，他给爷爷买了一套新房子，装修完之后把老人接了过来。他定期给姥姥"开工资"，等于替母亲尽孝道。他除了给员工提供优越的工作环境，还给员工的父母一起"开工资"，感谢他们培养了自己的员工。

王鑫成了他人口中的王总，但是他最大的财富不是自己的公司和金钱，而是他重新构建的那个充满能量的能量场。这一路走得很艰辛，但他成功了，从最开始在意识层面重新塑造思想、精神、心灵，到排除意识和潜意识中的负能量，到定下心来，发出正确的频率，找到自己的频率，最终唤起了身上的能量，提升了生命的势能，而财富和成功，只是水到渠成，自然而然就会得到回报。

当下社会经济浪潮凶猛，很多企业的命运一夜之间就会改变，遭遇类似王鑫父亲一样痛苦的人很多；此外，富二代如何摆脱狂妄和迷茫，如何顺利接手家族企业，也成为一个普遍存在的问题。王鑫的情况要更严重一些，不过最后他还是完成了从"富二代"到"负二代"，再到"创二代"的转型，自我蜕变，重获新生。所以，我相信，只要找到正确的方法，这些问题都是可以从根本上解决的。

第二篇

重塑世界

第三章
潜意识才是你真正的主人

第一节
95%的问题，都不是靠大脑解决的

发生在我们身上林林总总的事情，都有其潜意识因素存在。潜意识在日常生活中似乎发挥的作用很小，然而，事实是，潜意识正是我们理性思维的隐形根源。

——卡尔·荣格

商业研究中有个很有名的理论，名为"可乐悖论"。

可口可乐公司做过这样一个实验：他们找来几千名志愿者，要求他们对两种品牌的可乐进行盲测，并在喝完之后评分。这些人不知道自己喝的是哪个品牌的可乐，全凭口感进行打分。结果让人吃惊，百事可乐的口感以绝对优势胜出。但是，现实中可口可乐的销量远远超过百事可乐。人们在口感上更认同百事可乐，但出门去商店买的却是可口可乐，这便是"可乐悖论"。

　　人们为什么会在这个问题上做出非理性的选择？为了搞清楚这个问题，后来有人重新做过这个实验，不过这一次有医生参加，对实验者的大脑进行功能核磁共振扫描。实验结果没有区别，当测试者不知道自己喝的是什么品牌的可乐时，多数人会觉得百事可乐口感更好。但当测试者知道自己喝的是可口可乐和百事可乐时，更多的人觉得可口可乐好喝。研究人员研究了大脑成像，发现被告知品牌扰乱了测试者的理性判断，因为这个信息刺激到潜意识中的回忆部分，激活了大量的美好回忆。

　　可口可乐公司有100多年历史，多年来凭借着巨额的广告投入，成为最广为人知、销量最大的饮料品牌。很多人是从小看着可口可乐的广告长大的，自己的偶像说不定就曾是可口可乐的代言人，这就导致了人们关于这个品牌的记忆是美好的、温暖的。

广告能改变味蕾，潜意识在这个问题上发挥了主要作用。人一直标榜自己是理性的，做出的选择经过了大脑的思考，但这种标榜显然有些"自恋"，并一再被证明是错误的。

　　商场中播放什么样的音乐是一门学问，因为它能直接影响到消费者的购物选择，途径也是潜意识。

　　超市中摆放着来自法国和意大利的葡萄酒，价位、包装、度数、年份都差不多，当播放法语音乐的时候，更多的人挑选法国葡萄酒；当播放意大利音乐的时候，人们更青睐意大利产的葡萄酒。当然，那些对某种品牌有多年感情的消费者不在统计之列。这些消费者在事后接受调查的时候，否认受到了音乐影响，甚至表示没在意刚才播放的是什么音乐。这就是负宇宙信息在销售环节中不知不觉起到的积极作用。

潜意识是我们做出理性思维的隐形根源，却常常被我们忽略。精明的商家便是抓住这一点，从最薄弱也是最重要的环节入手，做市场营销。结果也证明他们抓住了问题的关键。

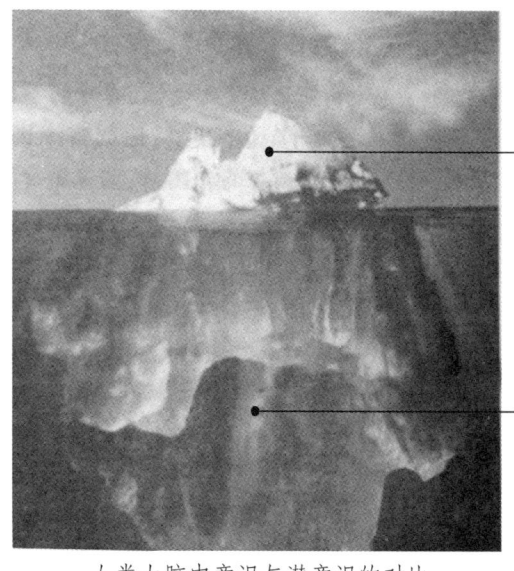

意识：负责人的精神、思想、心理方面的工作。

潜意识：蕴含着巨大的能量，是人类精神活动的主宰。

人类大脑中意识与潜意识的对比

潜意识是一个看不见的世界，但它却是我们精神世界的主宰。我们的意识、思想、行为，都是源自潜意识发出的指令。潜意识的能量非常强大，但我们对它的认识却很少。如果说人的精神世界是一座冰山，我们熟悉的意识领域只是浮出水面的5%，或者更少，水面下的95%或者更多则是潜意识的世界，这就是著名的冰山理论。

潜意识是隐藏在我们精神世界中的另外一个领域。我们每天要接触大量信息，如果说人的大脑是一台计算机的话，它每秒钟从感知系统处接收的信息高达 1100 万比特，但一个人的意识每秒钟能处理的信息仅为 16~50 比特，其余的信息去哪里了？是潜意识在处理。

人的大脑在不停地接收信息，比如你从大街上走过，所有映入眼帘的画面都会被传回大脑，包括声音、感知。如果你的注意力放在前面的红绿灯上，就会忽略掉"路边停着几辆车，分别是什么颜色、什么品牌的"一类的问题。你以为你忘了，或者根本没在意，其实不是，坐下来仔细想想，或者过去一段时间之后，你又会突然记起来，因为它们都被储藏在了潜意识中。电影《谍影重重》中，杰森·伯恩只要环视四周，就能迅速记住所有重要信息，包括安全出口在哪里，哪些是危险人物，还能根据环境和身体状况判断出冲刺 800 米身体机能没问题。伯恩不是超人，只是一名受过特殊训练的特工，被重点训练的正是常人忽略的潜意识区域。

关于潜意识与意识的作用，古希腊哲学家柏拉图曾经有过一个有趣的比喻。

自从人类脱离蒙昧、低级的状态，用意识而非本能来指导生活，关于意识与潜意识的思考便从未停止。起初没有潜意识的概念，人们也只是把它当作无意识、下意识，以及意识在执行过程中犯的一些小小的失误。到后来，人们渐渐意识到潜意识的力量，但这种认识是朦胧的，只能描述大概，无法说透。柏拉图在自己的名著《申辩篇》《法篇》中提到，人身上有"有意识和无意识的行为"，好比一辆马车上套着两匹马，一匹马长得丑陋，并且野蛮，不听指挥；另外一匹马血统纯正，服帖听话。

在这个比喻中，马车代表着意识，两匹截然不同的马代表着潜意识中理性和非理性两部分。不管如何，马才是决定这辆马车前进的关键。

- 一个服务员能拿到多少小费的关键因素是什么？不是服务质量，而是天气。好天气能给人好心情，顾客更愿意大方地给出小费。
- 同样的道理在华尔街也被验证了，一位金融系教授研究了1927—1990年的数据，发现晴天里股票交易的市场收益率要高于阴天，前者大约是后者的3倍。
- 你想过孩子的名字会影响他有多少朋友吗？一个通俗（没有生僻字）、顺口的名字会让孩子在幼儿园交到更多朋友，小朋友叫不出对方的名字，潜意识中便会把它排到其他小朋友后面的位置去。

潜意识不是简单的第六感，也不是"下意识"，它是大脑做出决定的后台机制，相当于一台电脑的硬盘和CPU。它永不停歇地工作，承担了大部分信息的处理工作，主宰了一个人的精神世界，但还不为人知，被严重低估和忽略。

我们在做决定的时候，常常自信满满，自信衡量了所有因素，但结果证明，这种自信只是自以为是。结果和你想象大相径庭，因为你得到的信息不全面，因为你只在用精神世界5%的能量在做事。

是时候重新定义影响一个人、一件事成败的关键因素是什么了，它睿智、独立、强大，塑造了我们的思维，塑造了这个世界，那便是潜意识。

第二节
为什么倒霉的总是你

安妮早上醒来,发现自己昨天晚上忘记了定闹钟。她赶紧起床,洗漱的时候发现没有热水,原来是小区停电了。没有电就不能用榨汁机,不能用微波炉,这顿早饭注定是冷冰冰的。

因为吹风机不能用,安妮只好顶着一头半干半湿的头发去赶车。刚出门她遇到了早起遛弯的邻居,邻居的小狗平日里十分乖巧,今天不知怎么了,格外兴奋,在安妮的白色裙子上蹭上了不少脏印。回家换衣服已经来不及了,安妮只能硬着头皮去公司。

足足30分钟,安妮才打到一辆车,迟到是肯定的了,她在车上给经理打电话,想说明原因,但是经理莫名其妙地朝她发了一顿火就把电话挂了。

到了公司,安妮看到自己小组的人脸色都不太好,原来他们辛辛苦苦忙了3个月的项目被砍掉,奖金也就跟着泡汤了。

好不容易熬到午饭时间,可以放松一下,结果第一口饭还没送到嘴里,自己一直暗恋的人发来一条短信:"我要结婚了!"她匆匆回了"祝福"两个字,心里空落落的,这顿饭吃得索然无味。

下午例会上,因为一点小事,安妮跟经理起了争执,到最后差点动手。

终于下班了,安妮照样打不到车,只能一步一步往家走。当她脱下高跟鞋,揉着起了血疱的脚,再也忍不住,眼泪涌出了眼眶。

每个人都有过类似安妮的经历，心里搞不懂："为什么倒霉的总是我？"你可以把原因归于运气不好，但当不好的事情接二连三地发生在你身上，恐怕就不是"运气"和"巧合"能解释通的了。

有的人并非不努力，并非不正直，并非没有爱心，但也面临这个问题——同样的事情有的人很轻松就搞定，而自己费了九牛二虎之力却弄得一团糟。

陷入"倒霉模式"的人做什么都是错的。当你的能量场总是在吸引负面的东西，这时候你应该检视一下自己。

继续说安妮的事情：

> 安妮决定犒劳一下自己，也算是对自己的一个安慰吧，毕竟一天里遇到这么多倒霉的事。
> 服务员上菜的时候不小心把菜汤溅到她身上，她心想算了，反正这条裙子也脏了，还反过来安慰那位服务员。等她吃完饭离开的时候，饭店经理亲自出来送她。得知她住的地方不好打车，经理直接用自己的车把她送回了家。
> 回到家之后，安妮坐在沙发上沉思，如果今天晚上自己责备那位服务员，甚至大吵一架，会有什么样的后果？当然，不可能有后面那样完美的结局。其实，今天遇到的每一件倒霉事都可能有另外一种结果。
> 安妮恍然大悟，自己都是用意识在做事，停电了就不高兴，打不到车就埋怨，工作上出了问题就跟经理吵，喜欢的人要结婚了，

自己假装不在意,还大度送上祝福。这一切都像是下意识的条件反射。如果按照以前的模式,今天晚上自己应该跟服务员吵一架的,但她没有,立刻收获了不同的结果。

第二天,安妮早早起床来到公司,等小组成员到齐后,她说:"项目被砍了,沮丧没有用,只有一个办法,那就是再夺回来!"安妮安排人手,要连夜加班,将当初一个备选方案优化成为第一方案。

中午吃饭的时候,安妮给喜欢的人发短信:"我一直喜欢你,只是这些年埋藏在心底,但我现在要告诉你。你将收获幸福,我将收获没有遗憾。"很快他就回复道:"我也一直很喜欢你,但不知道如何开口,昨天只想试探一下你的反应,你今天不发这条短信的话,我还以为我们没有可能了。"安妮笑出了泪。

下午的例会上虽然和经理意见不一致,但安妮没有带着情绪,而是清晰、平和地把自己的想法说了出来。

安妮的小组后来真的把项目夺了回来,他们的新方案被客户看中。安妮收获了自己的爱情,幸福甜蜜。安妮还解决了以前和上下级不和的问题,很快得到了升职。

好了,到了这里我们可以回过头去看看最初的问题:为什么倒霉的总是你?因为你总在用意识做事。潜意识主宰人的精神世界,但还是有很多人会成为意识的奴隶,被意识牵着鼻子走,一路跌跌撞撞,麻烦不断。

摆脱意识控制的关键:

不抱怨：遇事先抱怨，带着情绪去说话、做事，结果只会更糟糕。

不拖沓：拖延是一种逃避，有话就说，有爱就要表达，不和自己的精神鏖战。

不自私：自私是推动力，但自私容易让人失去理性。既要入世，也要出世。

不推卸：推卸是人自我保护的第一反应，是一种应当控制的本能。

不冷漠：如果没有爱心，如何运用潜意识中的能量就无从谈起。

……

习惯的力量是强大的，也是可怕的。一个人想要改变自己意识先入为主的习惯，把问题交给能量更大的潜意识来解决，绝非易事。但只要有这个心，肯努力，就一定能摆脱"倒霉模式"，过上自己想要的生活。同样，一个社区，一个企业，甚至一个国家，敢于打破"旧思维"，才能强大，才能和谐，才能圆梦。

第三节
潜意识决定人生格局

> 一个人的价值，并不是由他的实际能力所决定，而是由他所拥有和所要达到的目标而决定。
>
> ——心灵励志专家 奥托·弗雷克

潜意识能量释放的程度，决定了你人生能达到的高度。

一个人的人生格局由三部分组成，与自己的关系，与他人的关系，与自然的关系。开发潜意识，重新布局能量场，能冲破人生旧的格局，打开新局面。

与自己的关系

你有没有想过一个问题，你原本可以比现在幸福。我们都是光着身子来到这个世界上的，但是后天的命运却大不相同。为什么从同一条起跑线出发，结局差这么多？家庭条件是一方面原因，接受的教育是一方面原因，更重要的原因在自己身上：你有没有充分发掘自己的大脑？有没有调动潜意识中的能量来帮助自己？

马云为什么能有今天的成就？如果单靠先天条件的话，恐怕他只能籍籍无名。

马云出生在一个十分普通的家庭，父母都是从事评弹工作的文艺工作者。马云小时候给人的印象是叛逆、倔强、爱打架、屡教不改，是个典型的差生。长大以后因为长相与电影《E·T》中的外星人相似，被屡次嘲笑。但就是这个其貌不扬的"差生"，后来在互联网、商业等多个领域叱咤风云，成为第一位荣登《福布斯》封面的内地企业家，并被称赞"有拿破仑一样的身材，更有拿破仑一样的伟大志向！"

第一次在美国接触互联网，马云就决定了自己今后努力的方向。当时中国甚至还没有互联网，但马云的着眼点不是当下，而是10年后、20年后、30年后。他相信有一股力量会把自己送到想去的地方，所以接下来的误解、嘲笑、被拒都没有阻碍他。

后来马云决定创建一个在当时看来不现实的网站——阿里巴巴。18个亲朋好友把自己的积蓄交给马云,跟随他创业。马云大刀阔斧,创下了"6分钟拿到2000万投资""收购雅虎中国"等无数美谈,阿里巴巴旗下的淘宝、支付宝等产品,完全改变了中国人的生活模式。

2014年9月19日,阿里巴巴在纽约证券交易所上市,开盘市值达到2285亿美元,成为仅次于谷歌的全球第二大互联网公司。马云的股份折算219亿美元,成为中国新首富。同时,上万名阿里巴巴员工成为百万富翁。

马云做出的决定总像是站在未来看现在,如果只用当下的力量是不可能做到的。

马云在不断逼近自己的极限,挖掘自己的潜能。他进入了更大的世界,因此获得了更大的成就。

与他人的关系

意识是感性的、冲动的,所以我们与人交往常常犯下错误,潜意识中蕴含着理性的力量。就像人的脑子里有两个小人儿一样,一个小人儿说:"气死我了,我要骂他一顿!我要发泄!"另外一个小人儿则说:"冷静一下,冲动是魔鬼,就算发泄,也要看场合。"第一个小人儿是意识,第二个小人儿是潜意识。

用潜意识的力量重新构建你和别人的关系只需做到一点:不要做后悔的事情。

她已经10年没有跟父亲说过话了,因为10年前父亲打过她一次,她原本以为这种怀恨在心只是一时的,没想到这么多年过去了,她还是不能释怀。

她找到我倾诉,我能看出她的痛苦,但解铃还须系铃人,我只能帮她找到问题在哪里,能不能化解还要看她自己。

我告诉她,你的潜意识中已经原谅你的父亲了,但你却不知道怎样表达出来,正是因为这样,你才觉得痛苦。潜意识的答案是正确的,你应该突破一下自己,10年的沉默说打破不也就是一句话的事情吗?不要等到失去才知道珍惜,不要做让自己后悔的事情。

她回去跟父亲和好了,后来父亲不幸得了肝癌,也是她一直在身边服侍,直到父亲去世。回想起这段经历,她总是说,自己差点犯下一个终生遗憾的错误。现在的结局不算完美,但至少自己没有遗憾。

与自然的关系

人之初,性本善,是什么造就了人类今天与大自然的紧张关系?是贪婪。是什么让人类忘记了自己是这个宇宙的一部分?是自大。人与天地之间应当保持一种什么关系?是和谐与互补。

下面是一则新闻:

2010年3月的一天,贵州沿河县大河坝的肖志坚上山砍柴,见到了惨不忍睹的一幕:一只黑叶猴的上肢被野猪夹夹住,到处是血。他小心翼翼打开夹子,把这只小黑叶猴带回家,给它清理伤口,悉心照顾。

这只小黑叶猴在他家里住了半年,越来越通人性,每天跟随肖志坚上山干活。肖志坚知道大山才是黑叶猴真正的家,于是在当年7月把黑叶猴带到山里,比画了一个"去吧,找你的亲人去吧"的手势,黑叶猴慢慢走入深山,一路上不停地回头看肖志坚。

将近5年过去了,肖志坚常想起那只黑叶猴,不知道黑叶猴有没有想他。

2014年11月20日早上8点,肖志坚出门准备上山,结果发现门前的石头上蹲着一群黑叶猴,为首的正是当年被他救起的那只。它带着自己的子女来看望肖志坚了,肖志坚感动得说不出话来,上前一把抱住了自己的老朋友。

现在肖志坚只要吹个口哨,吆喝几句,就能召唤来十几只黑叶猴。当地人开玩笑,称他是"猴王"。

连动物都知道感恩,敬畏天地自然会得到更大的回报。人对万物应当有敬畏之心,因为本质上它们和人没什么区别,都是宇宙中的沧海一粟,都携带着宇宙的能量。

想要得到尊重,先要学会尊重别人。想要得到宇宙的力量,先要学会与天地和谐相处。

第四节
人人都有一个与生俱来的能量库

很多人很有才华,但是没有贵人的指点和帮助,最终一事无成;也有很多人身陷囹圄，经贵人一指点，很快走出了困境。有的人身边总有贵人存在，遇到什么困难一经贵人出手相助，便能逢凶化吉；有的人相反，什么事情都得一个人扛。

人人渴望生命中出现一个贵人，能在人生道路上扶持自己一把。但千里马常有，伯乐不常有，遇到一位贵人比千里马遇到伯乐还难。不过我相信，每个人身上都附着一个"贵人"。

> 一个人走到了生命的尽头，临死前做了一个梦。在梦中，他和上帝肩并肩走在海边，沙滩上留下了两个人的脚印。他走了很久，站到高处，回望那串脚印，明白了那是自己一生走过的道路。
>
> 他发现一个有趣的现象，自己一生的足迹大多数时候都是两排脚印，一排是他的，一排是上帝的。但是，当他伤心、难过、彷徨、无助的时候，就只剩一排脚印了。他觉得自己被戏弄了，因此质问上帝："你所谓的爱世人也就只是说说罢了，我无忧无虑的时候，你总是陪伴在我身边，但我最需要你的时候，你却不知道去哪里了，你不是说过任何时候都不抛弃我吗？"
>
> 上帝笑了笑，说："孩子，我从来没有抛弃你，当你伤心、难过、彷徨、无助的时候，是我在背着你走。"

潜意识就像这则故事中的上帝，默默、忠诚地陪伴在我们身边多年，背着我们躲过一些困难和险阻，它是每个人的贵人。

什么样的人才能算是贵人？通常来讲，这个人会激励你看到自己的长处，找到自己的优势；会帮你捋清一件事的来龙去脉，指出要害在哪里；会分享给你最新的理念，提醒你注意自己的不足；会把你带到更大的圈子里，给你学习和实践的机会——总之是会给你带去强大正能量的人。这些潜意识也都能做到。

我身边的人有时候也会说我是他们的贵人，其实我只是帮他们认识到了潜意识世界的存在。但很多人忽视了自己身上的这股能量，这种浪费令人痛心。

对于个人来讲，忽视自身的能量就活不出极致，活不出自我，白来世间走一趟；对于家庭来讲，你原本可以成为更好的儿女、更好的父母，给家人更优越的物质条件，他们可以更幸福；对于你的公司和社会而言，你原本可以创造出更多的价值，帮助到更多的人。但是，一切的前提是你正视自己身上具有的能量。

有人怀疑，说自己身上哪有什么能量？人的潜意识是一个巨大的储藏器，这便是每个人与生俱来的能量库。

> 一位母亲趁两岁的孩子睡着了出门去买菜，回来快到楼下的时候，她习惯性地抬头去看四楼自己家窗户，结果看到孩子居然趴在窗台上，见此情景，她脸都吓白了。原来孩子醒来后找不到妈妈，就自己爬起来，顺着床头爬上了卧室的窗台。
>
> 这位母亲看到孩子身处险境，赶紧往楼下跑，可怕的是这时候孩子也看到了妈妈，就伸出双手往窗外探身，这时意外发生了，孩子失去重心，从窗台跌落。看到孩子从楼上跌落，这位母亲爆发出了惊人的能量，冲到楼下，接住了跌落的孩子，虽然自己手臂有骨折和擦伤，好在孩子没有受伤，算是不幸中的万幸。
>
> 事后有人还原了当时的场景，请专业救援的消防队员来模拟救人，结果没有一个人能跑到孩子跌落的位置。谁也解释不清那一刻

母亲身上爆发的能量来自哪里。

人人都有一个与生俱来的能量库，中国古人很早就意识到了这个问题，只是那时候没有能量的概念，只能用别的方式来表达。古人常讲"厚德载物"，现在人理解这个成语都以为"德"指的是品德，这种说法不准确。"厚德载物"出自《周易·坤》，全句是"地势坤，君子以厚德载物"，古人理解的"厚德"是一股强大的能量，这股能量能承载一座山，能容下一片海。"君子以厚德载物"说的是君子应该绽放自己的能量，担起应尽的责任，承载起个人、家庭、社会和这个世界。

一个人如果意识到自己身上的能量库，能把后天的能量和先天的能量串通起来，这个人将会释放出巨大的能量，得到的改变可能连自己都会被吓一跳。

一封来信

2008年我接连遭遇了几次打击，对人生产生了怀疑，极度悲观。如果不是遇见了您，路老师，真不敢想象我当时能做出什么极端的事情。

当时您并没有说什么大道理开导我。后来我才知道，几句话是解决不了我的问题的。您想开发出我身上的能量，让我自己重拾生活的信心。

我说话口齿不清，俗话说叫"大舌头"，说话像是嘴里含着一块糖，语言逻辑性也很差，再加上不会讲普通话，错失过很多机会。但我自己已经习以为常，毕竟我当时都38岁了。

您决定从说话上入手，帮我改变自己。您知道我肯定能做到，对于人潜意识中的能量来说，做到这一点很容易，关键是我自己愿不愿意配合，愿不愿意调动起自己的意识，去开启潜意识的能量库。

一次去外地，饭局上大家分享自己的心得，气氛很热烈，我兴致很高，也抢着表达，结果说了很多，其他人都面面相觑，因为没人听懂我说的话。我臊得不行，那场饭局结束前我一句话也没再说。

回到酒店，我问您有没有办法改变。这正是您想要的，我被刺痛了，主动寻求改变，开始向潜意识中的能量库发出"求救信号"。

您给我安排了三个作业：1.多看《新闻联播》，学习主持人的发音；2.多看书，可以读出声来，另外通过文字学习那些作家如何组织语言；3.学会说话之前先打腹稿。

从那之后，我没事就看电视，选那些带字幕的，跟着一起练发音；我原本是不看书的，也去买回一大堆书，在手机里下载了字典，方便随时查阅……

3年过去了，我与人交流不再有任何障碍，甚至不少人夸我口才好，就连公司里推销员培训的工作也是由我来做，要知道推销员可都是需要一副好口才的。我的事业也越做越大，蒸蒸日上。

路老师，感谢您帮我打开了潜意识中的能量库，让我知道自己的人生还有很多种可能，让我重拾对生活的信心，重新体会人生的美好！

——一个得到您帮助的人

认识到人人都有一个与生俱来的能量库，这是开发潜意识智慧的基础，但很多人连这一步都不能突破。

发现自己身上的能量库有三个关键：

- 改变意识思维，不要偏执地抱着固有思维，要让自己相信凡事存在另外一种可能；
- 见贤思齐，成功的人用潜意识能量做事，常人用意识做事，所以多学习身边的成功人士，对比多了就知道其实你也行，之前只是没找对路而已；
- 活出极致，当一个人处于极致状态的时候，往往能突破对自己以往的认识，发现身上的能量库。

第五节
每个人只发挥了 5% 的能量

雷蒙是个自闭症患者，住在疗养院里，需要有人看护。但雷蒙又是个天才，他能瞬间数出洒落的牙签有 246 根，任何电话号码只要看一眼就能记住，算牌的水平不低于计算机，甚至还靠这项"本领"在拉斯维加斯一家赌场里赢了一大笔钱……

这是经典电影《雨人》中的故事，从那之后，人们习惯称那些有特殊天赋的智障患者"雨人"。

《雨人》中的故事并非虚构，现实中也不乏这样的人。中国江苏卫视的益智类节目《最强大脑》中，就走出了一位"中国雨人"。周玮，一个普通的农村孩子，因为智力低下被学校拒收，只能旁听，小学毕业后便没再上学。但是，他在节目中只用了1分钟左右的时间，便计算出了16位数字开14次方的结果，让人直呼天才。

这样的事情总能让人感慨，人类大脑的极限在哪里？每个人的潜意识都是一座能量库，蕴含着无穷的能量。多数人尚未触及这部分能量，任它在心中沉睡，就像每个人心中都有一匹沉睡的千里马。有人唤醒了自己的潜意识，就等于遇到了伯乐，有的人始终没有唤醒，这也是成功者和常人的区别所在。

意识中的能量与潜意识中的能量不能比，但意识中的能量更容易被发掘、运用，而潜意识中的能量虽然巨大，但基本上不可能完全开发。综合来讲，意识中的能量只占一个人可开发能量的5%。

如同"二八法则"，如果你只用5%的意识能量做事，那么你就只能做95%的底层人；如果用95%的潜意识能量做事，你就会成为顶层那5%的人。

开发潜意识要做四个准备工作：

1. 打开内心，不去排斥自己之前没有接触过的东西

你知道英国巨石阵是怎么回事吗？复活节岛上的巨人头像又是怎么回事？史前文明是否真的存在？这些问题一再被提起，但没有人能给出明确答复。宇宙中存在着太多的未知，人类掌握的知识相比只是很小一部分，所以如果用已知去评判未知，那就有点无知了。

如果某个知识超出了你的知识范围，你应该做的是思考，而不是一口否定。好奇心重的人往往掌握了更多的知识，因为他们不会轻易去否定。

他们给自己的大脑打开了很多扇门,给自己制造了更多的机会。

打开潜意识能量库的第一个准备工作是打开内心,不打开门怎么可能见到阳光呢?

2. 倾听自己内心的声音,对自己有清醒的认识

想要触摸潜意识中的巨大能量,先要敢于面对自己,知道自己想要什么。

当局者真的就迷吗?没有人比你更了解自己,只是很多人在逃避。我们每个人心里都有一面镜子,但我们常常用来照别人,忘了照照自己。常常反省和自我审视,能让人保持对自己的清醒认识。

多与自己的内心沟通,它会告诉你,你现在最需要的是什么。这个声音代表了你的渴望,可能就是帮你打开潜意识能量库的那把钥匙。

倾听自己内心的声音很简单,找一个安静的环境,让自己的身体和精神都放松下来,呼吸均匀,你的内心自然会开口对你说话。一般情况下,可以清晨早起或者晚上睡眠前拿出一小段时间来与自己相处。

3. 要有改变自己的渴望

潜意识开发归根结底还是要靠你自己,有句话这样说:"我可以给你鞋子,但不能替你走路。"一件事如果是迫于外界压力去做的,而不是发自内心,效果就会大打折扣。每个人都想自己更好,但真正能做出改变的不多,外在的力量很难改变他,只有用内在的力量才能改变自己。

相比较普通人,成功者的内心始终在燃烧着渴望。他们渴望改变,渴望见到一个更好的自己,渴望自己给身边的人带来更多快乐,给社会带来更多价值。普通人呢?他们并非没有燃烧起来的条件,只是他们在等待别人把他们点燃。

成功者始终在燃烧，普通人始终在等待。

4. 做好准备，抓住潜意识能量爆发点

一个朋友做生意赔了，让我参谋一下，什么时候该出手，把钱赚回来。我不懂生意上的事，但我看他的状态不好，有一股赌徒心理。他一再问我，我一再说不着急。等哪天我看他心平气和，谈起生意来胸有成竹的时候，说你现在可以出手了。他这次出手果然赚了，说我是神人，其实我只是找到了他潜意识能量的引爆点。

每个人都有自己的潜意识能量引爆点，需要找到一个合适的时间、合适的平台、合适的领域去引爆它。

《爱丽丝漫游奇境记》是儿童文学的巅峰之作，但它的作者刘易斯·卡罗尔却是一位数学老师。

卡罗尔毕业于牛津大学，在一所大学担任数学老师。他写过几本数学专著，但人们记得他更多是因为《爱丽丝漫游奇境记》。

卡罗尔一直没有结婚，但喜欢和孩子交往。一次，他和同事家的爱丽丝三姐妹一起乘船沿泰晤士河出游，路上三个小姑娘一直缠着他，让他讲一个故事。卡罗尔忘记了自己的口吃，即兴发挥，给小姑娘们讲了一个迷人的故事。后来他把这个故事写了下来，并配上插画，送给了爱丽丝。

1865年，《爱丽丝漫游奇境记》第一版出版，很快被翻译成多种文字，传遍世界。

没有什么是偶然的，一切爆发都经过了许久的储备，相信卡罗尔也是这样。无论你现在的年龄、职业、财务状况如何，或许你已经找到了自己潜能爆发的方向，或许你还在迷茫，你要相信你的潜能也正在找你。你要时刻留心身边的机会，做好每一件事，或许那就是你的潜意识能量突破点。

每个人条件不同，身上的能量场不同，潜意识中的能量也不同，需要按照自己的节奏，找对自己的路线。

人生好比一场比赛，有的人跑得快一点，有的人跑得慢一点，你没有必要去攀比跑得快的人，可能你们的目标不一样。凡·高的能量在画画方面，拿破仑的能量在指挥作战方面，没什么好比较的。重要的是，你要按照自己的节奏，坚持自己的人生道路，竭尽全力去迎接潜意识能量的爆发。

案例：从求职被拒到年薪百万

2007年的时候，梁燕磊只是个小老板，平日里跟朋友们吃吃喝喝，偶尔也去歌厅玩儿，没有觉得这样的生活有什么不好。但就是在这年，他遇到了精神危机。

梁燕磊的姐夫生意做得很大，在当地风生水起，却在53岁的时候跳楼自杀（前文第二章案例中有提及），这让梁燕磊开始思考人活着到底是为了什么。是为了钱吗？可是姐夫远比自己有钱啊。

不久之后，他发现自己资助的两个贫困大学生其实是骗子，他们家境并不贫困。那段时间梁燕磊有点迷茫，开始怀疑身边的人和事，原本无忧无虑的生活一下子变得没有了方向。

人生往往要面临很多精神上的困境,最好的解决方法不是沉陷其中,与其搏斗,而是站上更高的楼层,打开眼界和胸怀,烦恼自然化解。梁燕磊认识我的时候,我的想法很简单,他可以成为更好的自己,他可以更快乐,更优秀,达到更高层次,眼前的危机自然烟消云散。每个人的潜意识中都蕴含着一个能量库,每个人都有无限的潜能,我要做的就是激活他的潜能。

想做事,先做人,这也是我对梁燕磊改造的第一步。

他接受的教育不多,平时又习惯了和朋友混在一起,不太注重礼节,一些事情分寸上欠把握。

一位北京的老师过生日,我觉得这是一个考验他的机会,便让梁燕磊跟其他几个人一起带着礼物去祝寿,他们从山东开车去,我随后从深圳飞过去。他们先到一步,结果直接带着礼物去了这位老师家中。老师家里人来人往,忙忙碌碌,他们把礼物放下后没有走,就在边上看着人家忙。大约3个小时之后,老师的助理看不下去了,问他们今晚是不是要住下,有没有安排好住处。最后,这位助理帮他们定了酒店房间。

等我赶到的时候,他们把白天的经历讲给我听,他们到这儿的时候还没有意识到犯下了什么样的错误。我给他们一一做了分析:第一,这位老师过生日请我参加,结果我还没到,你们自己先带着礼物去了,非常唐突,没有规矩;第二,你们把礼物送到之后居然没有离开,而是在家里待了3个小时,四五个人在那里站着像是在要求对方安排住宿,如果这样麻烦人家的话,我们来祝寿还有什么意义?

起初梁燕磊还有点委屈,觉得自己没做错什么,我就静下心来给他讲,这件事如果按照我的做法来做会是什么样子,而现在按照他的做法却是这样的结果,让人觉得我们没有礼数,不懂规矩。我又给他讲,上升到一个企业的管理，甚至一个国家的管理，也要分清主次，分清先后，分清礼数和做事的界限在哪里。

这件事后我告诉他一个做人的基本道理：常反思，常反省，多自律，多顾忌。

学做人的目的还是为了做事，激发梁燕磊潜能的第二步是教他做事。

他这个人敢作敢为，做事有闯劲，但是缺点也很明显，大男子主义，暴发户性格，因为已经是个小老板了，所以说话、做事有些横冲直撞和狂妄自大。激发潜能，必须先把他意识和潜意识中的这些负能量排除，我没有上来就让他改，而是先诱发他把自己的缺点完全表现出来。我想修一个静修园，作为平时大家修行的一个场所，梁燕磊主动站出来要求负责，我就让他当了这个项目的负责人，开始了对他的磨炼。

果不其然，梁燕磊在筹备这个项目的过程中得罪了不少人，项目组很多成员找我告状。我早就知道梁燕磊的自以为是、轻狂自大，所以压下了大家的不满，继续让他去折腾。我就是让他把自己的缺点表现到极致，然后再及时指出他的错误，这样做才会让他最深刻地认识到自身的问题。

几个月后静修园修好了，但梁燕磊出力不讨好，收获的是大家的不满和抱怨。这时候我问梁燕磊："你是个搞企业管理的人，这样几个人齐心协力想去做一件事，结果你都管理成这样，要是大家钩心斗角，你怎么去管理？你连这样一个小圈子都管理不好的话，怎么去企业里管理更多的人？你要用真情对待你的同事，你要懂得知人善用，你要懂得怎样调动大家的积极性，你要懂得怎样起好承上启下的作用。你要好好接受教训并改变自己，只有不断地虚心学习，懂得放低自己，才能取得成绩。"

梁燕磊已经认识到了自己的问题，开始学习怎样和大家沟通和交流，怎样相处，态度也变得谦卑了；做事情开始注重条理，理顺应该先做什么，后做什么，如果遇到反对意见该如何处理。

人在取得初步成绩之后往往会膨胀，这时候需要对他在心灵层面上进行二次革命，这是激发梁燕磊潜能的第三步。

一个企业管理者需要有组织能力，有市场分析能力，梁燕磊在这方面欠缺，但他没有意识到这个问题，还觉得自己算半个行家，沾沾自喜。一次跟一位大企业家接触，得知他想要招聘一位销售经理，因为同属于陶瓷行业，我便让梁燕磊去应聘一下，试一试自己的真本事。

梁燕磊挺高兴，心想家里的公司可以让妻子管理，自己再去赚一份钱，结果没想到自己被拒绝了。他到那家公司，和老总聊了几句，人家说他不是人家需要的人。这是比较委婉的说法，其实人家是在说他组织能力不行，对市场的分析辨别能力不够。

这件事对梁燕磊打击很大，他开始思考如何把一个企业做好。他想到了我经常跟他说的"变通"。凡事总有一个中心，有一个总体的目标，目标是不变的，但是达到目标的手段和途径是多样的。说到企业管理，不变的就是商品对企业利润最大化的追求，变的是方式和方法。根据市场的变化，企业员工的变化，去调整整个方案，使你的利润最大化。

大约半年之后，梁燕磊的所学派上了用场。他为一个南方陶瓷企业制订了一套销售方案，从分析当下行业形势，到提出自己的具体措施，结果证明这些措施是有效的。这家企业的总裁把梁燕磊聘为市场营销总经理和市场总监，年薪百万。

这是他触摸到潜意识中智慧的开始，接下来无论是自己的生意，还是为别的企业制订发展规划，都带来了很好的市场效益，越来越多的人开始叫他"梁总"。

梁燕磊这样的人在这个社会很有代表性，事业上小有成就，但因为自我膨胀，无法再向上突破，精神上危机重重，他们已经把意识中的能量开发得所剩无几，却放着潜意识中巨大的能量视若不见。很多人因为这种情况找到我，痛苦、迷茫，我也像对梁燕磊一样，从做人、做事、心灵三个层面一步步帮助他们提升自己，激发出潜意识中的能量，来获取更强的生命势能，成就他们的美好人生。

第四章
开发潜意识首先要排除负能量

第一节
负能量无处不在

曾经有人找我倾诉，在工作中遇到的客户如何无理，老板多么苛刻，同事是一群"猪一样的战友"，自己每天上班都像是上战场。最让他气愤的是，自己在外面忙了一天，回到家里妻子还总跟自己找别扭，三天一小吵，五天一大闹，日子简直没法过了。

我对他说："解决这个问题的方法很简单，你回家后就别再想工作上的事情了，工作不是你的全部。"

"我就是这样做的啊！我把家庭生活和工作界限划得很清楚。"他还是觉得自己有些委屈。

我告诉他："真正的界限是在你的脑子里，不是口头上。你把你工作上产生的负能量、垃圾情绪带回了家里，当然会发生矛盾。你在客户那里受了气，却把不好的脸色甩给了妻子，妻子自然被你感染了，两个人怎么可能不吵架？"

这种情况想必大家时常会遇到，已经成为一种普遍的社会现象。负能量已经严重危害到了人的身体、工作和家庭。但就像上面讲的这位朋友一样，很多人为此苦恼，却不知道问题出在哪里。

"正能量"这个词前几年开始流行，早在之前我就在关注和研究这个领域了，不过我的重点不是正能量，而是"负能量"。

简单来说，对我们的健康、事业、家庭、运程有益的就是正能量，而对我们有害的就是负能量。因为肉眼看不见，大多数人都不知道负能量对一个人的身、心、灵危害有多大，不知不觉地背负着负能量活着。我们看不见电流，但电能点亮一盏灯、启动电风扇，我们就能认知"电"的存在；同样道理，人们虽然看不见负能量，但能看到负能量所留下的痕迹，感受到负能量的存在。

相对正能量来说，负能量对一个人的影响更大。正能量能提升一个人，让人站上更高的舞台，而负能量却是能要人命的。

当下困扰人们的诸多问题，如家庭不和睦、离婚率逐年上升、少年犯罪问题，同事关系冷漠、上下级没有信任、契约精神崩溃，社会风气江河日下、人心贪婪唯利是图、失去道德底线，等等，都是人心负能量的外显。

其实你这个人过得好与坏，就看你负能量的多少，如果负能量把一个人整个侵蚀了，身体、意识里就会充满负能量，那这个人就会成为永远的"倒霉者"。

负能量是一种精神上的"癌症"，覆盖范围广泛，能扩散到一个人的工作、家庭、交际等各个方面。每个人身上或多或少都带有负能量，每个人都是"病人"。

根据一个人生存环境、成长经历、身心健康等多方面的因素分析，人身上存在三个层面的负能量。

身体层面的负能量

有的人身体总是不舒服,无精打采,但也查不出什么病因,这就是当下非常普遍的亚健康。亚健康是典型的负能量在身体上的外显。

亚健康只是负能量对身体健康的轻度破坏。当负能量在一个人身上长期积累,会化为一股精神压力、不良心理因素,引发身体的病变。负能量进入人体后,会阻碍身体气脉运行,消耗脏器的正能量和脏腑的元气,使器官失去正常的代谢和生理功能,影响身体健康。过多负能量长期侵扰人体甚至会导致癌症。

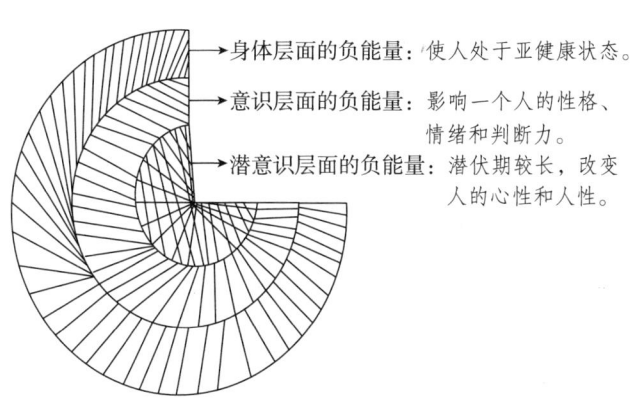

不同层面的负能量对人的影响程度不同,潜意识中的负能量危害最大。

一项健康课题调查显示,我国城市女性癌症患者中,70%存在共同的性格特点:喜欢钻牛角尖、压抑情绪、争强好胜。也有国外医学者通过数据总结得出：长期拘谨、较真、不爱表达、压抑情绪的人更容易患胃癌；长期性格内向、孤僻的人更容易得脑瘤和淋巴瘤；喜欢吹毛求疵、苛刻的人更容易得消化道癌。

意识层面的负能量

意识层面的负能量表现为贪婪、焦虑、自卑、沮丧等等，轻则让人睡眠质量差、失眠、抑郁，重则让人失去辨别力、判断力，造成精力低下、情绪不稳，直接毁掉一个人的家庭和事业。

曾经有一位丈夫对我说："我当时也不想打她，但不知道为什么就是控制不住自己。"他后悔打了自己的妻子。也有妈妈对我说："我不知道为什么要指责孩子，骂过之后又后悔。"这都是负能量作用于意识的表现。

储藏在意识里面的负能量在身体中运行时，典型表现就是会莫名地烦躁和发无名之火。你一边发火，一边还觉得这个人不是自己，自己怎么会这样呢？特别是夫妻之间，吵过架之后又后悔了。再就是对孩子的一些教育方式，其实知道是错误的，对孩子还忍不住去指责，甚至辱骂，经常会见到一些妈妈打过孩子后自己又心疼得落泪。

那这些莫名的烦躁、这些无名之火来源于哪里？就是来源于我们内心意识里面的负能量。

很多人回想以前的时候，总是说我有太多的后悔，当初有太多的无奈，其实造成这些结果的主要原因就是负能量。当负能量的力量左右一个人意识思维的时候，这个人就会做出一些不正常的举动；当它进一步升级，控制了这个人的身体和精神，前期表现是抑郁、狂躁症，再严重了就是精神分裂。

潜意识层面的负能量

每个人的潜意识都是一个能量库,蕴含着人类从远古到今天所得到的所有最好的生存情报,可以称之为来自宇宙的信息。开发潜意识中的能量,对一个人的事业、健康、人生将产生无法估量的益处。

有一些人不管他怎么努力去相信潜意识的能量,怎么在意识里不断充满希望与期待,总是不能达到自己的愿望。这是为什么呢?阻碍便来自潜意识中的负能量,其中既有与生俱来的负能量,也有自童年时积攒下,已经根深蒂固的负能量。

潜意识里积存的负能量包括过去、现在所积存的一切不良记忆和伤害,并相互关联。如果小时候一些痛苦悲伤的经历印在了心里,随着时间慢慢地积累,就会引申到潜意识里,潜意识在特定的状态下能够与意识链接,此时潜意识里的负能量就能传递给意识,意识就会无条件地接受并被左右,从而思维意识里便有了负能量,一个人便容易做出危害他人及社会的行为。负能量深化到潜意识层面的时候,它就能改变这个人的心性,改变这个人的人生。

人体内三个层面的负能量互相关联,相互影响,意识层面的负能量如果不及时清除,时间久了会烙在潜意识中,影响一个人的未来;意识和潜意识层面的负能量严重时除了会让人精神上抑郁,做出出格的举动,还会直接影响到人的身体健康,引起各类疾病。

这三个层面的负能量对人身心影响都很大,身体层面的负能量影响人的身体健康,一个人失去了健康,自然也就失去了斗志和积极向上的心态;意识层面的负能量,会使人失眠、抑郁,严重时会失控,久而久之,对生活失去信心、人际关系淡漠、仇视社会;潜意识层面的负能量,因为有较长潜伏期,所以会长久影响一个人的生活,让人不知所措,找不到答案。

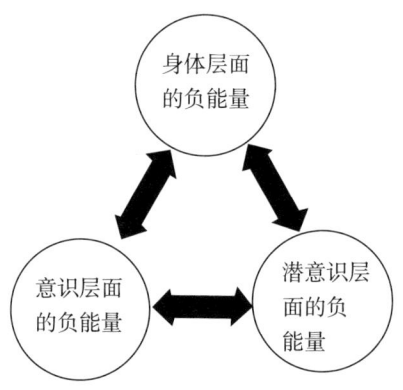

身体、意识、潜意识
三个层面的负能量三者间相互影响。

江本胜是一位日本作家、替代医学博士,1994 年他开始了一项特殊研究,在冷藏室中拍摄水结晶的图片。他对水展示不同的文字、图片,播放不同的音乐、语言,然后冻结水,用显微镜观察水分子结晶。结果他发现善意的意念、动听的音乐和语言、美丽的图片,会让水分子形成规则、美丽的结晶。相反,一些邪恶的意念、噪音会让水分子形成不规则、难看的结晶或者根本形不成结晶。他把自己的研究成果写成了《水知道答案》一书,引起巨大轰动,被翻译成多国语言,畅销全球。

看到"谢谢"二字的水结晶,非常清晰地呈现出美丽六角形;而看到"混蛋"二字的水结晶,像是听到重金属音乐的水结晶那样,破碎而零散。

同样，把"让我们做吧"这句话贴在瓶子上给水看，它的结晶就很整齐；采用命令式口气要求它"一定要做"，水甚至无法形成结晶。

这个实验……使用友善温和的语言，会将事物带向美好的方向；而恶言相对时，则会导致不好的结果。

——江本胜《水知道答案》

江本胜博士的水结晶实验证明了人类意识中的能量能对物质产生反应。同样的实验有人用眼泪做过，结果发现不同情绪下，眼泪的状态差别巨大，快乐的时候显微镜下的眼泪花纹悦目，而伤心时候的眼泪的花纹则像一片荒漠。

试想，如果有负能量长期存留在我们体内，会对我们身体里的细胞组织造成怎样的伤害？我们的身体还能支持多久？

清除负能量，净化我们的身体、心灵和灵魂，提升正能量，提高生命势能，刻不容缓。

第二节
负能量出不去，正能量进不来

释迦牟尼在世的时候，一位婆罗门手捧珠宝来拜见，想求得从轮回中得到解脱的指点。释迦牟尼听了他的要求，只说了一句："放下。"婆罗门把珠宝放到了释迦牟尼脚下。释迦牟尼又说："放下。"

婆罗门不解,说:"我已经两手空空了,你还让我放下什么?"释迦牟尼说:"我没让你放下这些珠宝,我让你放下的是心中的杂念,六根清净,方能超脱轮回。"

这是一个简单但深刻的道理,放下心中的欲念,自在才会进驻;放下无谓的牵挂,自得其乐才会进驻;排除心中的负能量,正能量才能进驻。

人体就像一个透明的玻璃瓶,刚出生时的心性和身体就像玻璃瓶里装满了纯净的水,随着年龄的增长,各种环境因素、社会因素中的负能量会逐渐对一个人的身心造成影响,就像玻璃瓶里的水被污染了。如果这时候向瓶子里灌入纯净的水(正能量),无法让瓶子里的水恢复到之前的状态,只有彻底清除瓶中的污水,新注入的纯净水才能完全透明。

身体、意识、潜意识三个层面的负能量是一个人拥有健康、积极、快乐人生最大的障碍,如果想获得积极向上的正能量,必须先彻底排除体内身体的、意识的、潜意识里的负能量。

一位美容医院的微整形专家,每天面对的都是比较高端的女性。她说有很多女人一看就不幸福,以前没有钱的时候是因为被生活所迫痛苦,现在有了钱也痛苦,很多都是因为和老公之间日渐远离。相对于妆容上的问题,她们更大的问题是精神上的苦闷,所以我教这位朋友,给这样的客户服务之前先花时间打开她们封闭的心灵,如果不能把心里的负能量排出来,花再多钱美容也没有太好的效果。

一个女客人常去她们美容院消费,但每次走出美容院都让人怀疑她在里面都做了些什么,或者什么都没做,因为她太忧郁了。一次,她向我的这位朋友倾诉,她老公出轨了,她是那种倔强的性格,选择了和老公离婚，拿了一笔不菲的补偿，一方面是出于泄愤，一方面是太过伤心，这笔钱没过几年就被她挥霍掉了。她经济上陷入困难，但碍于面子，不好意思让别人知道，而身边的一些人不知情，还把她捧得很高。她常遇到尴尬的场面，无言的痛苦写在脸上。我的朋友打开了她的心门，她用止不住的眼泪和憋闷已久的话语使内心得到释放。之后，她的心情慢慢轻松起来，面容一下绽放了。最后她什么都没做，愉悦地走出了美容院，但那一天她比任何时刻都有魅力。

排除负能量的方法因人而异，因事而异。我们知道万事万物都有自己的频率，人的意识能影响到水的结晶，就是因为意识改变了水的频率。负能量也有自己的频率，选对适合自己的方式，与自己体内的负能量同频，便会将它们呼唤出来。

一般情况下，排除负能量可以通过以下五种方法：

1. 一个人安安静静，放空自己

找个安静的环境，比如周一下午的公园，晚上的河边，或者一个人待在房间里，什么都不做，闭上眼睛，不要去想那件让自己不愉快的事情。你的思绪会带着你在黑暗中漫游，周围很安静，慢慢你就能感觉自己飘浮起来。保持这种状态 15 分钟，睁开眼睛，你脑子里想的事跟你闭上眼之前已经大不一样了。

2. 转移注意力

如果你平时都是坐电梯，那么今天走楼梯，越高越好，你身体累的时候就顾不上去想那些烦心事了。如果你平时开车，那么你今天开始坐公交，挤地铁，周遭的环境都会转移你的注意力，如果能在车上认真看本书，效果会更好。也可以出去旅游，或者开发一些新的兴趣。

3. 找人倾诉

倾诉是转移压力最快速的方法，你可以找你的哥们儿吃饭，也可以找闺密逛街，或者跟父母、爱人谈谈心，把自己的压力说出来。他们是你最亲密的人，会站在你这一边为你着想。既然是倾诉，就要彻底，能哭出来更好。但要记住，倾诉也是有技巧的，不能一有事就找人倾诉，久而久之就没效果了；倾诉是将负能量转移给了别人，因此除非有必要，尽量不要麻烦别人，不然再亲密的人也会烦；另外，倾诉对象一定是肯听你倾诉的人，不然没效果，反而破坏自己在别人心中的形象。

4. 发泄

发泄的方式有很多种，根据压力大小选择。比如，可以去听一场摇滚演唱会，呐喊出心中的抑郁；看一场精彩的电影，可以是暴力的动作片，也可以是催泪的情感片，把自己代入其中，让情感彻底宣泄；可以找个无人的地方大哭一场，让眼泪带走负面的能量和情绪。

5. 运动

运动永远是排解负能量的有效方式，当你奔跑的时候，当你在球场上挥洒汗水的时候，你的身体被充分利用、调动起来，你会感觉整个人被打开了，被清空了。运动贵在坚持，当你看到自己身体越来越有型，肌肉越来越健硕，整个人越来越有精神，这些都会让你对自己感到满意。运动在任何时候都是一个不错的选择，排除负能量的同时收获一个健康的身体，何乐而不为呢？

上面提到的这五种方法能应对一般表层、浅层的负能量，但有一种情况比较特殊，那就是潜意识中的负能量。身体的负能量可以锻炼解决，意识的负能量可以倾诉、宣泄，但潜意识中的负能量要么是与生俱来的，要么是自童年时期起积攒下的，根深蒂固，很难化解，需要靠更深层的心理沟通和一定的特殊方式才可清除。

清除潜意识中的负能量，首先洞察到负能量的所在，然后与它深层次沟通，将它唤醒，达到同频之后，才能引导出来。

> 我是个工程师，是一个非常理智和善于逻辑思考的人，从没有任何信仰，相信眼见为实……来到路老师的课堂，我是抱着好奇和了解的心态来的，在排除负能量的环节……眼睛开始搐动，过后眼泪就不停地流下来。我童年的记忆开始一幕幕地闪过。然后我哭了起来，因为我发现潜意识里有很多童年时期悲伤的记忆，但在日常生活中是早已忘却的东西，这些不好的记忆让我痛苦异常，一幕幕展现在眼前……通过在路老师课堂里的学习，我发现我身体的负能量是因为潜意识里童年的悲伤记忆造成的，我也看到了负能量给我的人生带来的阻碍和限制。这几年来让我的事业迟迟没有好的发展，我想给孩子们更好的童年，我牺牲了很多事业上的机会，这些无形的负能量一直在背后主使着我犯错误……路老师帮我清除了悲伤记忆的负能量，让我能够重新面对生活，在事业和家庭之间更好地找到平衡点。
>
> ——一位学员的感受

从小到大，到当下的今天，我们的所有喜悦、痛苦、悲伤、挫折等都像储存在电脑里一样，被真实地记录在我们的潜意识库里，储藏在我们的思维意识里。很多儿时的痛苦，很多年轻时候的挫折悲伤在我们记忆里面是抹不去的。潜意识在背后主使着我们人生的选择和情感的波动，潜意识中的负能量如果不清除，会吸引来更多的负能量。清除潜意识中的负能量，便是清空这些不良的记忆，达成"放下"。

第三节
影响个人成功的五大负能量

这个世界上没有点石成金术，没有不劳而获，有人期待着潜意识大门被打开后，人生从此就会是一片坦途，金钱、财富、事业、爱情、健康等等都会立刻心想事成，进入一个超于常人的理想人生，这样想是错误的。

潜意识的大门是智慧的大门，打开这扇门之后我们会更容易看清人生轨迹的路径和拐点，从更高的角度来明了和看待我们人生当中所发生的每一个选择，更清晰、更广阔地看待自己、他人和整个生命，从而拥有更加丰盛和富足的人生！但是，这中间还有一段或长或短的修行之路是需要自己去走的。

人生的修行之路漫长且充满艰难险阻，心灵上的负能量像一个个拦路魔障，需要你去逐个击破。其中，有五个关键的负能量像五座大山，挡在你与成功之间，需要你去跨越。

膨胀

国外做过这样一项测试，他们找到一家医院，让医生对自己的人缘进行评估，同时对其他医生和病人进行调查，得出的结论是医生对自己的评估明显高于其他医生和病人对他的评估，简单地说就是医生们有些自恋了。接着，他们又测试了医生对自己医术的评估，得到了同样的结果。88%的医生对自己出具的诊断报告有信心，但实际上这些报告中至少一半都存在问题。

这不能怪医生，因为这种现象存在于任何群体中。人在潜意识中总是高估自己、美化自己，把对自己有利的因素归于自身，对自己不利的因素则推给外界。举个常见的例子：当你获得升职的时候，你会觉得这是自己用实力和勤奋挣来的，但如果升职的不是你，而是别人，你的想法就没有这么单纯了，你会觉得那个升职的同事是个马屁精，老板很傻。

人总是自我感觉良好，加上取得了一点成绩，膨胀就在所难免。如果一个人膨胀了，那他之前积累的成就很快就会失去。

我曾经眼看着一位画家从无到有，如何一步步成功，他从山东农村起步，去天津辛苦求学，又到北京打开前途。他想从我这里得到一些指点，我没有称赞他已经取得的成就，也没有祝福他的未来，而是说："当下，你最切忌的就是膨胀！"

一位名牌毕业的大学生找不到工作，觉得这个公司没前景，那个公司工作环境不好，要么就是待遇太低。他父母带他来见我，我对他说："你不适应这个社会，问题出在你身上，而你却只要求别人，不找自己的问题。你对自己的定位是错误的，你还没取得什么成就，已经开始膨胀了。不放低自己，何谈成功？"

成功是一种积累，低下头来，一点点增加自身的厚度，一点点打磨自己的成色，常反思，常自律，才会站到高处，才会耀眼。

没有宽容之心

两个朋友在沙漠中旅行,一天两人因为一件小事吵架了,一个给了另外一个一耳光。挨打的那个人觉得很委屈,他默默走出帐篷,在沙子上写下:"今天朋友打了我一巴掌。"

他们继续前行,挨打的那位朋友差点跌入悬崖,幸亏朋友拉了他一把。他找到一块石头,在上面用刀刻下:"今天朋友救了我一命。"

朋友问他:"为什么我打了你,你记在沙子上;我救了你,你要刻在石头上?"

这人回答说:"当朋友伤害了你,你不要记太久,让时间把它带走;当朋友帮助了你,你要记在心上,铭记一辈子。"

我在新加坡国立大学对潜意识智慧开发班的学员们说过:"**真正的朋友的伤害也许是无心的,帮助却是真心的,忘记那些无心的伤害,铭记那些真心的帮助,你将会发现这世上真心的朋友不断多起来。人体是一个很敏感的信息场,无时无刻不在与外界的信息、能量进行交换。**"你想什么,你相信什么,你就有什么样的气场,你就能吸引到什么样的人到你身边,这就是吸引力法则。

宽容的人气不瘀滞,血液通畅,所以说心宽一寸,病退一丈。你宽恕了别人,同时提升了自己,化解了心中的愤怒、怨恨和恐惧;你宽恕了别人,内心得到了宁静,身心自然会舒畅。

一个懂得为亲人让步、为朋友让步、为爱人让步、为合作伙伴让步的人,是心胸开阔的人,是最值得交往的人。**一个人成熟的标志是懂得**

让步，懂得宽容。

封闭内心

美国有一项调查，多数夫妇每周面对面交流的时间只有 30 分钟左右，并且结婚时间越长，这种交流就越少。深入交谈、心灵沟通，对于良好的婚姻关系来讲必不可缺。据统计，导致爱人之间关系淡漠的原因，头号杀手是沉默。我经常跟人说，有爱就要表达出来，说出来，做出来，而不是永远藏在心里，否则很多机会就错失了，最后只能悔恨终生。

有个孩子被母亲带到我的办公室，母亲希望我能为孩子做个心理疏导，而这个孩子则大吵大闹，嚷着要离开。原来是这个孩子第二天要去跟人打架，他母亲怕他惹是生非，又没办法劝解，这个孩子之前因为犯罪已经被关进监狱两次了。听上去这个孩子身上有很严重的问题，但我跟他沟通了一会儿，发现并非如此。

他之前喜欢打架，但是自从一次打人让父母被罚款之后，就不再跟人打架了，有人惹他，他也一直忍着。最后，他觉得与其在外面让父母总是牵挂，不如到监狱里去，不再给家里增添负担。孩子的想法虽然幼稚，但看得出他还是在为别人着想。

我跟他沟通了一下午，他认识到了自己的错误，感悟到了父母的亲情，并树立了对未来的希望。他和父母关系和好了，并承诺以后彼此打开内心，多沟通、多交流。

有人找我倾诉，每一句话里都透着委屈，我会引导他哭出来；有的人则每一句话里都带着愤怒，我会引导他吼出来，甚至骂出来。如果不打开内心，把意识、潜意识中的情绪发泄出来，它们将积淀成负能量，根深蒂固地驻扎体内，时刻影响这个人。

胸无大志，不想提升

人天性是乐享安逸的，所以大脑中总有个小人儿在对你说："休息一会儿吧""玩会儿手机吧""看会儿电视吧"。对于懒人而言，永远得不到重用，并且机会也不会光顾他们。

拖延更像是一种心理疾病，有拖延症的人一边迟迟不开工，一边心里忍受着焦虑的煎熬。无论如何，拖延症是成功路上的一大障碍。

没有特长的人注定是平庸的，但最可怕的是没有提升的欲望。懒惰总是教唆人去不劳而获，却不教人奋发向上，所以无论哪个行业业务精通的都是少数，但这少数人获得了成功，得到了宇宙更多的回馈。

在很多人身上，现实的不如意没有转化为改进的动力，却导致了爱抱怨和愤世嫉俗。抱怨其实就是在推卸责任，在为自己的失败找借口。愤世嫉俗很过瘾，但不能解决问题，反而会让你成为你所厌恶和讨伐的那类人。

有的学生考试前会呕吐，有的运动员开赛前会大病一场，这是他们潜意识中恐惧的外显，并非得了什么病。消除恐惧最好的方法是潜意识的另外一项特殊功能：暗示。持续的暗示能摧垮一个人，也能激活一个人。要每临大事有静气，给自己一个暗示，赶走恐惧，充分发掘潜意识中的能量。

自私、贪婪：欲望是最深的陷阱

明朝正德十三年，王阳明奉命剿匪，他在进剿山贼之前，写信给弟子，其中有一句话流传至今："破山中贼易，破心中贼难。"

王阳明集"儒、释、道"三家之长,创立心学,成为一代圣哲,曾国藩、梁启超、稻盛和夫等中外名人都尊他为心灵导师。他认为平叛造反的山民容易,但消除"心中贼"难,这个"心中贼"指的便是人过度的欲望。人只有不断修炼心性和人格,安顿好自己的欲望,才能有所成,才能立功、立德、立言。

一支探险队准备选拔一批登山队员,报名者很多。面试的时候,考官问了所有人一个问题:"如果你前面就是世界最高峰,你有能力超越前面的队员,成为第一个登顶的人,你会超越他吗?"多数人都选择了会超越他,只有一个人例外。这个和大家不一样的人说:"无所谓,就让他当第一吧。我是为了登山,不是为了争第一还是第二。"结果只有这个人被录用了。

考官解释说:"几千米的雪山顶上环境恶劣,稍有不慎就会发生意外。超越别人会耗费更多体力,呼吸加速,氧气摄入不足,都有可能发生。很多人登山失败,甚至遇难,不是技术上的障碍,而是心里太贪婪。"

欲望是最深的陷阱,只有丢掉欲望,丢掉我们心中的包袱,我们才能抵达人生的顶点。

最后切记一点:不要在身体处于被负能量控制的情况下做决定。

一个人处于负能量的状态下,辨别力、判断力、分析力、感知力会紊乱或者失灵,这种情况下做出的决定往往是冲动的、草率的,带来的结果往往是具有破坏性的,等清醒过来之后,当事人一般都会后悔莫及。

当下社会中离婚率越来越高，很多人因此对婚姻变得没有信心，弄清楚不幸的婚姻和负能量之间的关系之后，这种忧虑大可以消除。

一段失败的婚姻对于彼此来讲都是十分糟糕的，往往两个人离婚之后还愤愤不平，指责问题出在对方身上，可是追根溯源就会发现，很多问题早在结婚之前就已经存在了，离婚不过是个必然的结果而已。所以，避免婚姻走向分崩离析的重要一点就在于：决定选择跟这个人走进婚姻殿堂的时候，保证自己处于正能量的状态下，而非心头被负能量笼罩。

负能量状态下的人判断力差，亟须有人温暖，从而忽略了内心的声音，脑子一热做出错误的决定。

一位年轻的女士找到我，抱怨老公好吃懒做，没本事挣钱，脾气还不好，一言不合就大打出手……

我问她："你丈夫人品这么差，当初你为什么会嫁给他？"

提起往事，她的眼泪就流了下来："我原本有一个男朋友，交往了5年，感情很好，都打算结婚了。但就在结婚前夕，我发现他在外面还有别的女人，面对确凿的证据，他百般抵赖，让我对两个人的将来失去了信心。再加上他母亲不喜欢我，一直从中作梗，我便和他结束了这段关系。从那之后，我一直走不出低落的情绪，尤其是在听说前男友结婚之后。当时正好有人追求我，我不假思索就决定跟他结婚，这样做只是为了报复前男友。这个人便是我现在的丈夫，结婚的时候我们才认识不到3个月……"

我很同情她的遭遇，对她说："你犯下最大的错误就是不应该在当初最差的状态下做决定，尤其是像结婚这种人生的重大决定。负能量是具有传递性和隐秘性的，今天的痛苦就是你当初没有清除掉的负能量的延续。"

这个女人又问我:"如今婚姻走到了这种地步,如果要个孩子的话,能不能改变他?能不能挽救我们的这段婚姻?"

我说:"当初你在负能量的笼罩下选择了自己的人生伴侣,结果造就了今天的不幸;如果你现在选择要孩子来挽救婚姻,就是在重蹈覆辙。"

她很着急,问我:"那我应该怎么做?"

我建议她:"你首先要做的是排除负能量。如果你当初排除了负能量,便不会为自己选择一个糟糕的丈夫。如果你现在不排除负能量,盲目要孩子,就是在用一个错误去解决另外一个错误。你现在应该做的是走出当下的糟糕状态,看清楚目前的处境,了解自己内心的需求,先把自己拉出泥潭,再为下一步做打算,不要让孩子成为你们不幸婚姻的牺牲品。"

后来她理智地分析了自己的处境,决定结束这段婚姻,乐观地投入到新生活中,后来找到了真正懂她、疼她、与她同频的爱人,开启了自己迟到的幸福人生。

第四节
阻碍企业发展的五大能量障碍

当今社会是经济社会,企业作为最基本的经济组织单位,为这个社会贡献了最多的财富,解决了最多的就业,供给了最多的产品,是社会和谐稳定的基石,是人民生活幸福的保障,所以企业的负能量不容忽视。

总的来讲，主要有五大负能量阻碍了企业的发展。

领导者身上的负能量

领导者作为一个企业的带领人，作为团队的核心，如果自身能量不强大，将严重影响到团队的运转和公司的效益。领导者身上的负能量主要表现在三个方面：语言上的负能量、行为上的负能量、心态上的负能量。

语言是具有杀伤力的，尤其是充满负能量的恶言恶语。身为领导，要知道沟通也是一种工作能力，同样的命令用不同的方式传达会起到截然不同的效果。领导说话的时候和蔼可亲，员工自然更听从安排，但是幽默起来要有度，毕竟领导不能失去威严。领导要学会赞美员工，哪怕只是一点点进步，赞美对于你来讲只是一句话，但对于员工来讲则是注入了一股正能量。当然，领导不可避免要批评做错事的员工，但批评的话怎么说也有学问，应当就事论事，以理服人，最好不要在大庭广众之下揭人短处，让你的员工感激你，而不是痛恨你。

领导者的一举一动都被很多人看在眼里，所以要格外注意平日里的作为。对待下属员工要一视同仁，特别偏爱某些员工无可厚非，但在赏罚上要一视同仁，这样才能服众；如果下属之间发生矛盾，影响了团队工作、企业发展，要公平裁决，赢得员工信任；公司里难免会有异性下属，工作和生活中都要和他们保持适当距离，不要惹出流言蜚语，这种错误很容易犯，但花十倍的精力也难以弥补；团队里总是有不同类型的成员，公司里总是有不同类型的员工，要充分发挥润滑剂的作用，把他们团结起来，形成强大的凝聚力，为公司获取最大效益，而非任其内斗，不管不顾。

领导者的心态决定了一家公司的气场。在这样一个人心普遍焦虑、充斥着浮躁的社会环境中，太多负能量毁掉了人们正常的心态，也毁掉了这些人的工作和生活。作为领导，要学会自制，学会克制愤怒，冲动是魔鬼，平静的心态才会让你保持清醒。要学会平和看待事物，不要急功近利，急功近利往往会把人带上歪门邪道。作为领导，不要有嫉妒心，不要犯猜疑，不要被不良的情绪羁绊，要阳光，要乐观，这样才能保证前进的动力不被侵蚀。如果你取得了不错的成绩，要戒骄戒躁，唯有如此，才能迈上更高的层次。

员工身上的负能量

员工是企业的最小单位，也是最重要的部分，千里之堤，溃于蚁穴，可以说员工决定了一家企业的存亡。员工身上的负能量主要表现在三个方面：不再学习、不再进步，没有责任心，没有忠心。

不再学习的员工甘于现状，没有上进心，这样的人只能是当一天和尚撞一天钟，永远不会被列入考察提升的名单中；不再学习的员工对企业的价值是有限的，现在的企业都需要复合型人才；不再学习的员工对自己没有要求，他们不会犯错，也永远不会进步，没有自己的见解，没有敏锐的洞察力，不能为企业提出更好的建议。不能帮助企业进步的员工，对于任何企业来讲都是可有可无的。

责任心是员工最基本的操守，没有责任心的员工是不合格的员工，也是不道德的，因为你对不起公司支付你的薪水。每一位员工都要尽到自己的职责，把工作按时按质完成，不要总是留下尾巴，让别人帮你"擦屁股"；员工要有执行力，严格执行公司质量标准；如果犯了错误，要勇于承担，不要推卸，不要逃避，直面自己的缺点才能进步，这也是责任心的表现。

对企业和领导忠心是一个人品质的体现。公司为你提供一份工作，领导对你充分信任，如果你没有忠心，便是不懂得感恩。在一个公司成长起来后，跳到更高的平台发展，这本无可厚非，也是非常普遍的现象，但是，很多人却是带着原先公司的客户走了，带着原先公司的技术走了，同时他也带走了自己的道德和节操。对公司忠心，便是对自己的良心忠心，即便有一天要离开，大家好聚好散，还可以做朋友，让你经历过的每一个公司都成为你成长过程中的美好回忆，而不是过河拆桥，只留下骂名。

产品也会携带负能量

产品是一个公司和社会发生关系的纽带，是影响这个社会的媒介，所以，携带着负能量的产品不但会毁掉别人，也会毁掉自己，比如劣质产品、假冒产品等。

2008年一场"牛奶三聚氰胺"事件，结果是上万名婴儿身体受到伤害，数以万计的奶农破产，国产奶粉信誉跌到谷底，多个国家禁止进口中国产的乳制品，至今有条件的国人还是优先选择进口奶粉……但是有毒食品的风气仍然没有止住，毒大米、毒豆芽、毒胶囊、地沟油等等纷纷出炉，冲击着人们心中的道德底线。

充满负能量的产品给整个社会带来的危害是巨大的，首先这样的公司不可能长久，其次这是人类自我毁灭的行径，使用这些产品的终归还是人，所以说生产充满负能量的产品就是"人吃人"，如果再不改善的话，人类就是在自我毁灭。

人类已经收到了滥挖滥采、破坏环境带来的严重后果，生产带有负能量的产品同样是在破坏宇宙能量的平衡，因果循环，等有一天报应来了，受伤害的还是人类自己。

企业文化中的负能量

现在很多企业的企业文化都非常单调，就是一味地奖惩，另外很多规章制度都是强制性的，公司要求员工"必须要……""一定要……"长远来看，这样的企业文化并不利于公司发展。

一个团队、一个企业的管理不能只靠奖罚来调动人心，当下社会人心多变，容易被调动也容易变化，所以领导应该唤醒、感动员工潜意识里的爱，让员工做到心甘情愿地变被动工作为主动工作，脱离老板用物质、金钱诱惑员工完成工作的低级阶段。

做到上述这些改变，需要企业的负责人清楚认知自己，提升自己的生命势能，才能定力十足地去用爱的能量管理团队和企业。

企业发展方向中的负能量

企业的发展方向决定了企业的明天，一个错误的目标会将企业带向倒闭，扭转这种负能量的关键在于领导要有辨别力、判断力、分析力，这些因素直接影响领导的决策。

能量场决定着一个领导者的生命势能，生命势能强大了，就会有强大的辨别力、判断力、分析力。一个能运用潜意识能量、具有强大辨析能力的领导，才能为企业找到正能量的发展方向，才是最高境界的领导。

企业面临的问题在社会层面、国家层面，甚至人类层面都普遍存在。领导对于企业就相当于统治者对于社会，员工对于企业就相当于公民对于国家，同样，国家和社会也有自己的文化和发展方向，很多道理是互通的。

如果一个社会、一个国家充满负能量，这个社会就会动乱，国家就无法和谐发展。从人类的层面来讲，整个世界充满负能量，结果便是频繁的自然灾害，各种天灾人祸，直接威胁人类的生存。

任何组织，小到一个家庭、一个团队，大到一家企业、一个国家、整个社会，想要和谐发展，归根结底还是要改变人的思维、心性、意识。开发潜意识，人是最根本、最关键的因素，而开发潜意识智慧则是关键中的关键。

案例：传递大爱是排除负能量的最好办法

韩萍很庆幸自己当初没有去深圳。看着今天成功的事业、稳定的家庭、幸福的生活，她多次想起自己23岁那年见我时的情景，当时我的一个回答让她改变了主意，也改变了接下来的人生。

我认识韩萍的时候她正准备离开这座北方的小城市，离开自己失败的婚姻，离开工作的县医院，到深圳去打工。那是她人生最艰难的时候，我看得出她浑身被负能量包裹，这种状态下最忌讳的便是做出重大的人生选择。她的父母也反对她去深圳，但是她自己心意已决，非去不可。

我问她为什么要去深圳，她说想做一番事业；我又问她，你在家门口要人脉有人脉，要资源有资源，如果这样都没有闯出什么名堂，你到深圳去就能闯出来吗？这些话说到了她的心坎里，她犹豫了，决定暂时留下。

韩萍是个有个性、不服输的女孩，才20岁出头就想着背井离乡去深圳闯荡，看得出也是个有胸怀、有抱负的人。但另一方面，她个性叛逆，有些任性，这是不利于她成长发展的一面。这些已经深入性格中的负能量如果不排除、不修正，不幸和失败将永远伴随着她。

她心气高的时候，我打压她，等她变得沉稳，我再引领她。我教她不要好高骛远，还是先把手中的工作踏踏实实做好。她照着去做，收效很明显，后来调到了市级医院上班。刚到这家医院她就遇到了一个机遇，2010年医院计划开展职业病中医康复项目，这是一个新兴的课题，没有什么经验可以借鉴，只能自己开山辟路。虽然医院和科室都很支持，但韩萍犹豫了，来问我的看法。

帮助职业病患者恢复身体健康，减缓疾病带来的伤痛，这是医生的责任，也是传播大爱、帮助他人消除负能量的善举，我当然百分之百支持，至于作为新兴课题的尝试者需承担失败的风险，我给予了她鼓励，为她注入了充足的能量，帮她建立起信心。她执着、敬业地投入了这项事业中。

她很快把一系列的职业病中医辨证康复诊疗方案交到了医院，众望所归，这个中医职业病康复项目得到了劳动局的大力支持，每个病人都能额外享受中医和中药的康复治疗！市里所有的职业病患者的治疗从此有了更多有效的方法和选择。

后来韩萍告诉了我很多她参与职业病康复项目的一些经历，更坚定了当初的选择是正确的。

她最开始接触的是一些中毒的病人，后来扩大范围，开始救助尘肺病人和矽肺病人，负责范围也从一个病区扩展到三个病区。很多病人问题出在肺部，晚上憋得睡不着觉，不能躺下，只能坐着，趴在被子上睡觉。也有一些病人躺在床上，无法下地。每当帮到这样一个病人缓解病痛，她都充满喜悦和感恩。

前段时间医院来了一位患者，这个病人年龄不大，有智障，之前在井下挖煤，得了矽肺病。因为是智障，他不会正常表达，憋得难受也不知道该怎么说。那天韩萍给他开了药，第二天他觉得好多了，就用手拍着胸脯，说："透气了！透气了！"他的爸爸眼含热泪，对韩萍表示感激。

每天夜里，她走在病房中，看到一些原先睡不着觉的病人睡着了，原先喘不动气的人呼吸通畅了，心里就特高兴。她感觉自己也为排除负能量、传播正能量的事业尽了一份力。

韩萍的成长令人欣喜，她做的事业让人敬佩，不过这不代表她身上就没有负能量了。一个人潜意识中的负能量非常顽强，并且在不同的环境中表现出不同的形式。

韩萍在工作上的成就有目共睹，医院把她作为中医技术骨干推荐到省里，参加省中医临床技术骨干的培训，到北京去进修学习。市里还把她评为市直卫生系统的优秀青年岗位能手，这样的荣誉可是从上万名医院职工中选拔出来的。

奖励和荣誉接连而来，韩萍有些沾沾自喜，虽然不当着我的面，但我能感受到她的那种心念。狂妄是人取得成功后面临的最大的负能量，如果不排除，很可能这次成功便是你的最后一次。于是我告诉她："人若亡，必先狂，一个国家如此，一个人也是如此。"她也意识到自己最近有些膨胀，用心检点自己的行为，恢复了平常心。

很多朋友都说我有个特点，那就是"见不得别人好"。这句话有两层意思，一是当有人取得成绩之后骄傲了、膨胀了，别人不会指出来，但我会，而且很直接，有时候会让人下不来台；二是一些朋友有困难找到我，等困难过去，事业开始上升，这时候我就会故意远离他，让他去绽放。

我对韩萍的要求很严格，她自己有时候也会感到委屈，但今天看来这样做是正确的，她自己也认可这一点。

医生收红包问题普遍被大家诟病，但是屡禁不止，韩萍也遇到了这么一次。一位朋友的母亲因为风湿性关节炎行动不便，用了很多办法，都未见疗效，于是找到了韩萍，看看她有没有什么好办法。韩萍想到了我曾经教过她"火疗"，便用在了这位患者身上，结果治疗几次后老人能自己下楼了。这位朋友对他非常感激，悄悄把500元红包放到她的办公桌就走了，事后打电话告诉她，说为了表示感谢，给你留了点钱，给孩子买点零食。

韩萍把500块钱的红包拿给了我，说反正你也经常做慈善，这500块钱就当是别人捐的吧。我看她心里还美滋滋的，完全不知道自己已经犯下大错，就一脸严肃地问她："你们医院是可以收红包的吗？"她振振有词地说："当然是禁止的，但这个病号……"她还没有说完，我就打断了她的话："好，我不管你有什么理由，请你明天给我退回去！"没有给她再解释的机会。

过后我又跟她说："做人要站得直，立得正！我希望你们每个人事业成功，但做人要踏踏实实的，医生收红包是明令禁止的，将来你的领导知道了，无论你说拿来做什么，他会怎么看你？你的同事们会怎么看你？"

第二天她就找到病人的家属，退还了红包，并保证以后这样的事情再不会发生。

我还记得当年第一次见她时她的样子，桀骜不驯，心怀梦想，充满斗志，同时受过生活伤害，找不准自己的人生定位，迷茫困惑，一位被负能量困扰的年轻女孩子。而今天，她生活幸福，事业有成，卸下了负能量的包袱，在帮助他人排除负能量的同时完成了自我的升华。

我为她骄傲。

第五章
链接宇宙信息

第一节
不打破固有思维，上帝也帮不了你

如何激活潜意识中的智慧，首先要做的是打破固有思维。固有思维是一个人获得提升最大的障碍。每个人脑子中都有固有思维，有的甚至很小的时候就形成了。

美国科学院院士理查德·尼斯贝特是研究思维差异方面的专家，他在作品《思维版图》中提到了这样一个测验：准备三幅画，上面分别画着青草、公鸡和牛，将这三幅画分别拿到中国儿童和美国儿童面前，要求他们把这三幅画分为两类。结果非常有意思，大部分中国儿童把青草和牛分为一类，公鸡单独为一类；而美国儿童则将公鸡和牛分为一类，青草单独为一类。中国儿童的分类标准是关系，青草被牛吃掉；而美国儿童的分类标准是属性，公鸡和牛都属于动物。

尼斯贝特认为，中国儿童的思维方式是先关系后实体，美国儿童的思维方式是先实体后关系。这些儿童年龄很小，自主意识不强，但是他们的某些思维却已经被固化了，原因是从小接受到的教育和对生活的认识。这也从侧面说明了中国是个关系社会。

中美两国儿童的思维差异背后反映出来的是东西方文化的差异，很多中国留学生到了国外一般都需要一段时间来适应，主要原因就是自己之前二三十年的固有思维突然变成了障碍，想要在国外得到提升，甚至是生活下去，首先要做的还是打破固有思维。

我们从小到大接受的教育中，被反复地灌输了很多东西，这些知识在思想里形成了我们对外界事物的看法、认识和判断，塑造出的每个人的人生观、世界观、价值观都趋于相似，并且根深蒂固，不易改变，影响我们接受新的事物。一旦我们接触到的事物和我们大脑中的固有思维产生冲突，我们就会马上产生一种反应：不对，不可能！我们对于宇宙能量的认识也是如此。

人类总是过分相信自己对宇宙的认识，其实我们对宇宙的认识就比如一粒沙子和整片海滩之间的对比！同时，我们对宇宙不断地有新的发现和感悟。如果我们这样一直封闭自己的内心，任由那些固有的观念控制自己的思维，排斥一切自己没有接触过的新事物，那么虽然身在地球，也无法运用宇宙能量。

什么是宇宙能量？宇宙中万事万物的本质都是能量，宇宙本身也蕴含着巨大的能量。每一种能量都有自己的频率，当两种能量频率相同便会彼此吸引共振，势能得到改变。你吸引到的可能是负能量，比如你每天郁郁寡欢，时间久了可能就会身体生病；你吸引到的也可能是正能量，比如你不断展现自己的优点，散播自己的魅力，可能会得到上级的赏识，或者异性的青睐。

每个人就像一座发射塔,你的潜意识会源源不断地发射出自己的频率,为你吸引来各种能量,或者是正能量,或者是负能量。所以,开发潜意识要相信宇宙中蕴含着巨大的能量,相信能量能够通过频率互相吸引,相信潜意识中的能量会被激活,相信自己的势能有无限的提升空间,相信自己原本可以拥有更美好的生活。如果你什么都不相信,包括自己,那样你就无法接收到宇宙信息,无法运用宇宙能量改变自己,也就在潜意识里拒绝了奇迹的发生。

有这样一个故事,一个年轻人走到了悬崖边上,后面的路也被阻断了,走投无路,只好祈祷上帝出来帮忙。结果他的祈祷应验了,天上传来了上帝的指示:"年轻人,跳下去!"这个年轻人觉得跳下去肯定会摔死,于是拒绝了上帝的指示。过了很久,这个年轻人饥寒交迫,又祈祷上帝救自己。上帝还是那句指示:"年轻人,跳下去!"这个年轻人犹豫了很久,最后想反正困在这里结局也是死,跳下去也是死,就试一试吧。年轻人纵身一跳,结果这个悬崖下面有一个隐蔽的小平台,平时被雾气笼罩,从上面看不到,小平台连接着一条小路,通往安全地带。

我们每个人的大脑中都有相当一部分思维被固化了,如果不打破这些固有思维,就会像故事中的年轻人一样,即便召唤出了上帝,他也帮不了你。

人生旅途很远,很累,不顺心事十有八九,想要改变命运,先要改变心态。一个人固有的行为不改变,心不改变,意识思维不改变,永远不会提高，永远进入不了新的境界。自己的意识不打开，不管是佛祖、上帝，还是真主安拉，都帮不到你。

记住：不破不立，不要封闭自己，接受宇宙的指示，不要让自己打败自己！

第二节
心想事成的秘密

> 聪明的人，凡事都往好处想，以欢喜的心想欢喜的事，自然成就欢喜的人生；愚痴的人，凡事都朝坏处想，愈想愈苦，终成烦恼的人生。世间事都在自己的一念之间。我们的想法可以想出天堂，也可以想出地狱。
>
> ——星云大师

当你真心想要做一件事的时候，这种渴望会融入你的潜意识，你的身体会发出一种频率，全宇宙都会联合起来帮助你实现你的愿望，把你的渴望送到你身边，这便是吸引力法则。

每个人身上都有巨大的能量，能量之间是能相互吸引的，就像吸铁石有磁力一样。每个人都是一座发射塔，潜意识中的渴望会以自己的频率发射出去，吸引到同类的事物之后再传回到你的身上，这些点滴的事物组成了你的生命。你现在的生活是你过去潜意识的反映，你今天的潜意识决定了你明天的生活。

潜意识法则中蕴含着一个朴素的真理，也就是佛家讲的因果。你在你的潜意识中种下了什么样的因，人生便收获什么样的果。你种下了积极向上的因，便收获积极向上的人生；你种下了消极负面的因，生活便处处不顺；你种下了渴望财富的因，便会收获富裕；你整天唠叨自己的贫穷，却不想着改变，那你只能继续做穷人。

潜意识是因，你的人生和境遇是果，你在潜意识中种下什么样的种子，便收获什么样的人生。

社会上也有人倡导"只要你开发自己的潜能，只要你不断重复自己的要求，你的要求就会应验，你就能体会到宇宙的神奇"。如果按照这种说法，人们是否可以什么都不用做，回家躺床上天马行空地想象就行了。事实当然不是这样，你对潜意识提出要求只是迈出了第一步，想要吸引力法则发挥作用，还有其他工作要做。

澳大利亚作家朗达·拜恩的作品《秘密》是"吸引力法则"方面最有影响力的著作，作者在这本书中就吸引力法则的运用提出了三个步骤：第一步，要求；第二步，相信；第三步，接收。很多人按照这个步骤去做了，却发现自己的生活并没有得到改变，不是朗达·拜恩的方法错了，而是很多人只是按照字面上的理解去执行，缺乏具体、有效的方法。无论什么样的真理，要正确解读，更要掌握具体实施的方法，这才是关键。

下面就谈一下"吸引力法则"的具体运用方法：

运用吸引力法则第一步：要求。

你要对宇宙提出自己的要求，向宇宙下订单，让宇宙知道你想要得到什么。如果你没有想好自己的目标，那么你的潜意识发出的频率就是混乱的、零散的，只能为你吸引来混乱的结果。

你不要担心自己的目标太大，难以得到满足，重要的是你的目标够不够坚定，够不够具体。

关注就是力量，对自己的目标持续关注就是持续发出自己的频率。有的人对于梦想只是一想而过，或者偶尔才想一想，这样断断续续的频率是不会得到想要的回应的。坚持理想是困难的，沉浸在抱怨中却很简单，对负能量的关注会带来糟糕的人生，这也是很多人生活糟糕的原因。

除了持续关注，目标还要翔实。你只是笼统地想一件事，还是事无巨细地去构思？如果你只是想着要赚100万，这100万恐怕很难到你头上，但你如果不断构思如何将自身的优势发挥出来，如何整合身边的资源，甚至有了这100万自己怎么分配，如何装修自己的房子，如何给父母子女更好的生活条件，这样想，100万才会如愿来到你身边。

我到新加坡之后认识了一位朋友，他也是山东人，出国已经有5年时间，在建筑工地做工。他毕业于国内一所名牌大学的计算机专业，他告诉我说，他的梦想是开一家能进世界五百强的公司。

"那为什么你现在却在建筑工地打工呢？"我很好奇。

他觉得怪自己命不好，原本来新加坡是被一家大公司聘用的，结果因为和领导发生冲突，被解聘。自己出国的时候希望能干出一番事业，荣归故里，所以他不想狼狈回国。连续面试了几家公司都没成功，渐渐地钱也花完了，他只能到工地打工。另外，他的女朋友也因为他的境况跟他分手了。总而言之，他把自己现在的境遇归于"命不好"。

"这难道不就是你想要的生活吗？"我问他。

他觉得很诧异，说："这当然不是我想要的生活！"

"那你想要什么样的生活？"我又问他。

"潦倒了几年，我也不知道自己想要什么样的生活了。"他说。

"这就是问题所在。"我说，"你自己都不知道想要什么样的生活，就是上帝想帮你，他都无从下手啊。"

他的潜意识已经不再发出对美好生活的频率，却不断发出抱怨的频率，结果很公平，他没有得到满意的生活，依旧天天生活在抱怨中。

运用吸引力法则第二步：相信。

怀疑会影响信念的频率，你要让自己的意识持续保持在期待的状态中，因为你相信目标一定会实现。你要坚定不移地告诉自己，潜意识发出的频率一定能得到反馈。这种相信一定要投入，就像你的梦想已经达到了一样。如同男女恋爱，你只有相信自己一定会打动对方，才会付出全力去追求他，才会将所有困难化作成功的阶梯，才会最终得到他。

我问那位潦倒的老乡："你就没有想过东山再起吗？"

他说："当然想过，不过那都是一场梦罢了，我已经没有机会了。"

"你不相信梦想，梦想也不会信任你，不会落到你头上。"我说。

"光想有什么用呢？"他反问我。

"光想是没有用，但是如果你连想都不敢想，那就真的一点希望也没有了。"我说。

"那我该怎么想？"他问。

"首先，你要相信自己一定会成功的。其次，你要告别每天的抱怨，排除体内的负能量。最后，你要结合自己现在的处境，遵从现实，从点滴开始想。"我说。

"点滴？什么意思？"他不解。

"既然你现在工作不好找,不如就想着怎么把手头这份工作做好,先想着怎么改变目前的自己吧,目标的达到不可能一步登天。"我说。

他若有所悟地点了点头。

运用吸引力法则第三步:接收。

你潜意识中的愿望如何实现,肯定有一个路径,不可能你渴望成为百万富翁就会有100万掉到你身边;你渴望有一个知心爱人,就有人主动上门找你。一般情况下,潜意识中渴望的频率返回到身边时,会转化为你提升的机会,你要做的就是把握住这些机会,顺势而为,否则不会有太大的改变。

后来那位老乡回国了,并且十分风光,准备开启自己另外一段人生。

他按照我的建议去做了,开始渴望自己的境遇得到改变。他很虔诚,并且相信自己一定能做到。结果没过多久,老板提拔他当工头,他来咨询我,我告诉他这就是机会,渴望的实现不是天上掉馅饼,而是把握住一次次的机会。

他先是当上了工地的工头,又当上了工地的负责人,后来手下负责的项目越来越多,成了公司的得力干将。

他的命运被改变了,这时候他有了更大的想法,回到自己熟悉的环境去干一番事业,如今他已经不再缺乏自信,也有了一点积蓄。当他有这个想法不久,一位大学好友就联系他,说想创业缺一位帮手。

他风风光光回国了,带着自信和梦想,听说他后来做得很不错。

潜意识法则对我们最大的启示是：人要有梦想，并且相信自己能做到。再就是，不要有邪念。

人们常说善有善报，恶有恶报，也是这个道理。

每个人来到世间都有自己的使命，这是上天注定的。你的使命如同一颗星星，只要你召唤它，它就会亮起来。但是，人类越来越被自己束缚，年轻的时候敢于梦想，敢于向宇宙提出自己的渴望，但很快就放弃了这个真理。多少人就是这样，一生郁郁不得志。著名的巴西作家保罗·柯艾略在自己的名著《炼金术师》（又名《牧羊少年奇幻之旅》）中说过一段让人热血沸腾的话：

> 天命就是你一直期望去做的事情。人一旦步入青年时期，就知道什么是自己的天命了。在人生的这个阶段，一切都那么明朗，没有做不到的事情。人们敢于梦想，期待完成他们一生中喜欢的一切事情。但是，随着时光的流逝，一股神秘的力量开始企图证明，根本不可能实现天命。
>
> 那是表面看来有害无益的力量，但实际上它却在教你如何完成自己的天命，培养你的精神和毅力。因为在这个星球上，存在一个伟大的真理：不论你是谁，不论你做什么，当你渴望得到某种东西时，最终一定能够得到，因为这愿望来自宇宙的灵魂。那就是你在世间的使命。
>
> 万物皆为一物。当你想要某种东西时，整个宇宙会合力助你实现愿望。

第三节
心定万事皆定——找到自己的频率

曾经有人找我咨询，他最近生意上面临诸多选择，不知道该如何取舍。他生意上的事情我不懂，但我看得出他当时状态不好，心绪比较乱。这种状态下人的能量是不稳定的，潜意识发出的频率也会波动不稳，不适合做决定。

我没有对他的生意做什么指点，只是让他记住一句话："心定万事皆定。"他也知道自己当时状态不对，这句话让他突然顿悟。生意上的麻烦依然还在，只是他不再觉得是麻烦。他沉下心，清空纷乱的思绪，问自己："你到底想要什么？"结果，很快他便有了答案，并且迅速走出了困局。

没过多久，他有了自己的答案，或者可以说是答案自己找到了他，后来生意上的成绩也证明了这个答案是正确的。

"心定万事皆定"真的有这么神奇吗？其实一点都不神奇，因为一个人只有心定下来才能在纷纷扰扰中找到自己的频率，链接自己的频率，获得启示，找到想要的答案。

人的潜意识都有自己的频率，当内心有很强大的定力时，潜意识就会对接同等的频率，这个人就会收到强大的智慧和能量。一个人潜意识中的能量被激活，这个人便走向了人生美满、家庭幸福和事业顺利。但是，当一个人内心定力不足时，对周围的人、事就会缺乏辨别力，潜意识发出的频率就是紊乱的，很难链接得到更高的智慧和能量，甚至有可能对接错，从而导致做出错误的选择，对人生产生不利影响。

很多人抱怨道："我那么努力，为什么总是处处不顺利，为什么总也找不到自己的精彩人生？"答案便是他没有找到属于自己的频率。

找到自己的频率需要一个人内心有强大的定力，这一点上面已经说到了。

一个人定力强，思维便会准确地从众多纷乱的信息中找到属于自己的频率。定力强的人知道自己想要什么，不会今天一个想法，明天一个想法。历史上伟大的人物，无论是政治伟人，还是商业领袖，都有一颗强大、坚定的内心，持续、稳定地发出自己的频率。

> 乔布斯创立了苹果，他的公司和产品改变了这个时代。
>
> 乔布斯决定把手机做成全屏的，这种革命性的改变之前没有人做过，市场前景不明朗，但乔布斯坚持要做，这便是第一代苹果手机，市场证明了乔布斯的决定是正确的。
>
> 其实全屏手机的概念诺基亚早就有了，但他们在要不要以此为主打产品上面犹豫了，毕竟他们当时是手机领域的老大，不想冒风险。结果呢？在一天不进步就被淘汰的科技领域，即便是贵为行业老大的诺基亚，说倒闭就倒闭，如今已经被微软收购。
>
> 当乔布斯决定推出 iPad 的时候，质疑的声音又来了，人们嘲笑这款产品就是一个放大的手机，人得有多傻才会用这样的产品！乔布斯坚持要做这款产品，结果大家都知道了，人们喜欢死了这款产品。
>
> 尽管乔布斯已经去世，但他的一生活得透彻，充分燃烧了自己的才能，因为他内心坚定，始终在自己的频率上前行。

找到自己的频率需要对自己有深层的了解，知道自己想要什么。

了解自己的内心，知道自己的需求，就不会朝三暮四，不断试错。一个人去玩儿自己喜欢的游戏，他就会快乐；一个人去听自己喜欢的歌曲，他就得到了共鸣；一个人和爱慕的人在一起，就会得到愉悦。做自己喜欢的事情就是在自己的频率上与自己对话。

最重要的还是工作，一个人在自己喜欢的工作上耕耘才能干出一番事业，才能成为优秀的领导，才能完成自己来到人间的使命。

如果你已经找到了与自己同频的工作，那么祝贺你。如果你现在做的是一份明显让自己不满意的工作，那你就应该考虑住手了。

你应该问一下自己的内心：我最想做什么样的工作？我心中理想的工作是什么样子的？我离心中的目标还有多少差距？

一个适合你的工作与你的能力、性格、气质、兴趣等等全都是同频的，同时满足这么多条件并不简单，所以说找到自己想做的工作是你人生中的第一张"彩票"。

从事一份和自己内心同频的工作，你会主动去挑战自己的创造力，主动迸发出激情，全力开发自己的潜意识，全力触摸自己的极限。相应地，你会得到自己能力范围内最多的报酬。更重要的是，你会收获快乐，体验到发自内心的喜悦，这种状态我们一般称之为幸福！

当你从事自己喜欢的工作，你的潜意识中就会发出强烈的频率，吸引到更强大的能量。当你的事业越做越大，你的职位越来越高，你又会发出更强大的频率，吸引到更多的能量，你的成就会像滚雪球一样无限增长下去。

找到自己的频率需要稳定自己的性格。

性格决定一个人的命运，如果一个人性格阴晴不定，或者负面居多，发出的频率便会起伏不定，只能吸引到负面的能量。

性格决定命运，习惯决定性格，而一个人平时的行为决定了他的习惯。所以说，想要培养一个稳定的性格，找到自己的频率，需要从日常的点滴行为做起，慢慢积累。

好习惯是一笔财富，每天都在为你积蓄能量。你平日里的谈吐是文明的，还是出口脏话；你的情绪是稳定的，还是经常失控；你对于他人的困难是乐于出手相助，还是装作视而不见；你平日里对他人付出了多少爱，记住，爱是最强大的正能量。

找到自己的频率才能正确感知他人的频率，拥有和谐的人际关系。

父母与子女之间，爱人之间，企业管理者与下属之间如果都能感知到彼此的频率，同频并进，家庭和谐了，企业和谐了，整个社会也将更加和谐。

一天上午，一位母亲带着儿子来到办公室找我求助。母亲身材瘦弱，儿子才20岁，却拥有将近1.9米的身高，格外惹眼。不过，除了身高惹眼之外，大家没有发现这对母子之间有什么问题，看着不像是有隔阂的那种。当母子二人来到我面前，我一眼就看出这种和谐只是表象，他们的内心之间存在着巨大的鸿沟。

果不其然，很快母亲就哭诉起来，说："孩子现在得了抑郁症，无法上学，四处求医也不见效果……"

了解到具体情况后，我对这位母亲说："孩子现在的问题主要是你这个做母亲的造成的，你根本就没有跟孩子在一个频率上。你平时太能唠叨孩子了，没有给孩子足够的空间，没有与孩子做心灵上的交流，没有给孩子说话的机会，剥夺了孩子思维和行为上的权利，使孩子无法正常地发挥自己的智慧和能力，慢慢地孩子没有自己的方向，变得不愿意跟任何人交流。而作为父母，你们还觉得自己付出了很多，孩子不体谅父母的苦心。"

这位母亲显然是已经后悔了，哭着说："我知道过去是我的不对，我现在在家都不敢说话了，但我不知道该怎么做才能挽救。"

结果这时候一直在边上沉默的孩子突然笑了，小声咕哝了一句："现在才知道错了，可惜晚了。"

我又宽慰这个孩子，说："孩子，我知道你现在很痛苦，很无助，之前一直得不到父母的理解。但是，现在你要注意自己的情绪，不要太压抑，不然精神方面会更糟糕，你要赶紧排除身上的负能量，调整自己到一个健康的频率上。"

我和这对母子进行了充分交流，教母亲该怎样与孩子静心沟通，同时教孩子去体谅做父母的难处，努力将两人调整到同一频率上。在离开的时候，母亲拉着孩子的手，两个人脸上挂着对彼此理解的微笑，相信他们已经找到了解决问题的方法。

多少父母为与子女关系紧张苦恼，有的父母认为"无威不立"，时时对孩子板着脸；有的父母则用"糖衣炮弹"去"收买"孩子，希望能得到一个和谐的关系，但这两种方法都不能从根本上解决问题。彻底放下自己，去了解孩子的内心，从心灵上与孩子同频，才能真正拥有彼此。

一个家庭如此，一个企业、一个社会、一个国家也是如此，每个人都找到自己的频率，发出健康的频率，同时找到对方的频率，共建和谐的人际关系和美好的生活。

第四节
与下属心灵链接，打造一流团队

在一个公司里，老板与下属之间存在一场永不休止的战争，伟大的领导能把这场战争转化成共赢的结局。领导与下属之间的共存是一门艺术，想要打造出一流团队，奖惩并不是最关键的因素，需要从心性、心灵上去链接下属。

领导与下属心灵链接可以从以下几个方面着手：

善待你的高层和中层管理者

一家有五六百名员工的大型企业老总向我讨教管理之道，我告诉他，这么多员工你不可能一一顾及，所以你的重点是管好那几十号高层和中层。至于如何善待他们，关键在于用心，企业的高层和中层物质上已经不再匮乏，更看中的是被重用和公平对待，自己的才华得到充分发挥，得到想要的平台。领导要知道高层和中层所想，尽量满足他们，给他们做事的动力，即便做不到，自己也问心无愧。

这位老总听了我的建议，回去调整了工作方式，企业凝聚力大大加强，中高层管理者也能尽全力展示才华和能力，企业上下精神面貌焕然一新。他手下的高层和中层没有一个是主动辞职的，只有那些不能达到企业要求的人被调离了岗位，而且这些人都是带着感恩之心走的，一些还保持着朋友关系。

从心性上与下属沟通，试着把他们当亲人、朋友

很多人说，老板不要把员工当亲人，不要当哥们儿，也不要做朋友，甚至危言耸听：当老板和员工做朋友的时候，就是企业灭亡的时候。这种论调是错误的，真正的沟通不是语言和文字层面的，太浅显了，而应该是心性上的。如果你想让你的员工信任你，彼此调整到同一个频率上，携手共进，那就应该让他们感受到你对他们的爱。

很多人担心一个问题，你的下属把你当哥们儿了，会不会不再服从管理，不再尊重你？所以这种爱不应该是表层的，不是装装样子，而是要真心实意去做的，让他们感觉你就是他们的父母、兄妹、朋友。一个正常社会人，对自己的父母、兄妹和朋友是尊重的，友爱的，因为这是他们最在意的人。另外一面，领导也应该把握好分寸，当哥们儿不一定就是称兄道弟，吆三喝四，不要危害到自己的形象和威信力。

学会感恩，活在感恩的世界里

优秀领导的下属都是主动工作型的，如何唤起员工主动工作的冲动，很重要的一点就是唤起员工对你的感恩之心。让你的员工明白，他们今天的生活是公司给予的，他们的才华得以展示，是公司给予了他们平台和机会。作为领导，也要感恩自己的下属，没有下面的员工在基层打拼，公司便没有效益。

一位企业家逢年过节都会给员工父母发红包，感谢他们为公司培养了一名优秀的员工。高层和中层父母过生日领导也会亲自去祝寿。老人得到子女公司的重视往往比较感动，心里暖暖的，一来知道了自己孩子在一家什么样的单位上班，老板比较有人情味，也会反过来敦促孩子好好工作，这样感恩之心便呼唤出来了。

为员工父母祝寿，既体现了公司对下属的感恩，也容易唤起员工的感恩之心，皆大欢喜。

用心感知你的下属，而不是驾驭他们

很多企业家把管理工作简化为奖励和惩罚，而忽视了最有效的管理手段是心与心的碰撞。

很多员工不在乎被罚那么一点钱，更在乎的是尊严被伤害到了，可能会产生一种逆反心理，对公司和领导不满。有一些业务员原本业绩已经不错了，但公司一再提高业务额，强迫他们去完成，结果便是很多人开始走歪门邪道，因为争夺客户导致窝里斗的事情并不少见。

管理的核心是让下属发自内心地为企业卖力，这就需要企业家调整频率，从情感、心性上感受自己的员工，而不是一味想着如何驾驭他们。

打开心扉，去感受你的员工，让员工觉得自己的领导是个平易近人的人，有心里话愿意跟你说，发自内心地为你做事。相反，如果一味高高在上，用处罚去压制员工，下属见了你只想躲避，从来不会与你谈心，这样两人之间就无法对频，两人就不能劲往一处使。

切记：不要用强势化的绩效法去逼迫你的员工，你要做的是唤醒他们的心灵，让他们意识到自己的人生价值，主动去做事情。用你的心灵去跟员工对接，用心去感受你的员工，而不是用权力、用钱去驾驭你的员工。

领导要有反观意识，知错就改

人无完人，领导也会犯错误，关键是犯错之后怎么办。很多领导拉不下脸来认错，糊弄过去，岂不知这样做是在损害自己的威信。犯错误不可怕，可怕的是不敢承认，不吸取教训。所以，领导犯了错误要大大

方方认错，哪怕对方是你的下属。

领导要常反省、常反思，要有反观意识，不是一味指责下属，要多从自己身上找问题。何为反观意识？这是我经常教父母对待孩子的一种方法。一些家长常常抱怨孩子这里不好，那里不好，但不知道孩子的很多缺点都是从父母那里学来的，所以当父母再抱怨和指责孩子的时候，先反观一下自己是不是做好了。

反观思维、反观意识、反观教育，可以用在家长身上，也可以用在领导身上，可以用在任何组织中，包括治理一个国家。家长在孩子面前多反省自己，长辈在晚辈面前多反思自己，领导在员工面前多反观自己，积累点滴正能量，终会修成正果，把企业做强做大。

有包容心，不要怕员工超越自己

很多企业家担心下属，尤其是高层、中层超越自己，离开自己，成为竞争对手；再就是担心自己在公司的威信下降，但没有包容心的领导才是最留不住人才的，或者只能留住一帮庸才。

领导要敢于给下属最好的平台，让他们充分施展自己的才华，对他个人和公司都有好处。如果你的公司里面只有你是明星，大家眼中只有你，那说明你的下属没有价值，你给他们的薪水都白发了。

有的时候，作为领导甚至要装不懂，装傻，给下属一个发挥自己才华的机会。人才流动是这个社会最正常的现象，如果有企业高薪来挖你的人才，这是对你最大的认可，即便你的高层、中层离开，他们也是带着感激之心离开的。帮助下属发现自己的潜能，树立起人生观、价值观，比你多挣几百万更有成就感。

分清"下德"与"上德"

企业家对待员工要以德服人,具体来讲,企业家要懂得先"下德"再"上德"。

所谓"下德",就是你必须要跟你的属下讲赚钱,讲想方设法增加利润,只有这样企业才能存活下来,大家才有饭吃。赚钱、吃饭是最实际的问题,也是开公司的初衷,大家意识到这一点,意识到公司效益好了他们才能拿到更多报酬,意识到多劳才会多得,自然会遵守公司的制度,听从领导的指挥。

所谓"上德"是指,物质层面满足大家之后,在精神层面对员工的呵护和关爱。比如,员工父母过生日、生病,员工的孩子考学、结婚,作为领导要对下属表示关心。如果领导没有时间,可以安排高层去走动。

搞清楚"下德"与"上德"的关系,你的员工会把你当成亲人、哥们儿和朋友,但永远不失一份敬重。这样有能力、有智慧、有亲情的领导,员工怎么会不追随他?

企业家要拿出真心,与下属心灵链接,同频共振,打造出一流的团队。企业家要紧跟下属心灵的脚步,激发他们的潜力和思维,也是自己修炼厚德载物的一种途径。

第五节
为什么下属会背叛

企业家对待下属除了要有宽容之心、包容之心,还要有无量之心,不断调整自己的频率,既是配合,又是博弈,这一点最明显地体现在如何对待背叛自己的员工上。

企业家希望自己的下属优秀，但优秀到一定阶段之后又会担心他们离开，这是恒久以来的问题，如同物极必反的自然规律一样。

一天，一位企业家朋友跟我诉苦，他的业务经理带着客户走了，这个年轻人他之前苦心培养了4年，对他十分信任。我看得出他很伤心，不仅是流失了客户，损失了一位优秀助手，更重要的是那种被最亲密的人背叛的滋味。

我的建议让他很吃惊，我没有帮他骂那位业务经理，也没有劝他认倒霉，而是建议他和这位业务经理继续做朋友。我安慰他说，这种情况八成都是不可能成事的，他想做你就帮他，到时候他就明白你的苦心了。

这位朋友按我说的去做，等那位业务经理开业的时候送去祝贺，平时也请对方吃饭，让对方有什么困难尽管找自己帮忙。起初那位业务经理还见自己的老板，两三次之后就躲着不见了，因为他良心上过意不去，毕竟自己离开的时候带走了原先公司的客户。

这位朋友持续不断地发出自己的关心，躲避了3个月后，业务经理主动约前老板吃饭，在酒桌上表达了对老板的感恩，感谢他当年对自己的培养。不过，他没有好意思说自己撬走了原先的客户。

如我所料，大概过了半年，这个经理的新公司经营不下去了，又给原先的老板打电话，哭哭啼啼，后悔自己当初不该离开，新公司投资了500万，一分钱都没有赚回来。我告诉这位朋友，让他继续关心对方，指导对方尽量减少损失。

一年之后，业务经理的新公司终于支撑不住，倒闭了。他表达了想回公司上班的念头，我的朋友又来问我，该不该收留他。多数人这种时候会选择收留，一来对方已经十分落魄，作为朋友和旧领导于心不忍；

二来这种时候收留对方，对方肯定会充满感激之心，以后一心为自己工作。

我给出的答案再次出乎这位朋友预料，我说你不应该收留他，而是帮助他东山再起，把企业再做起来。

这位朋友对我的建议大惑不解，说当初是你让我帮他，他迟早有一天会醒悟的，现在他一无所有，你又不让我收留他，这到底是为什么？

我看他有些愤怒，就给他解释：首先，这个人当初离开的时候不是那种好聚好散，而是带着公司的客户离开的，可以说是背叛了公司和老板。这种人在外面失败了，想起对不起之前的老板，加上老板后来一直在帮助自己，自然也就想回到原先的公司，但是本性难改，这种人注定不甘心为别人做事，早晚有一天还会离开，所以现在收留他只是暂时的，早晚还是要送走，既然这样不如继续帮助他，而不是收留他。

其次，这个人回到公司虽然有了感恩之心，但不可避免有自卑之心，毕竟自己曾经做过逃兵。收留一个人很容易，但帮他迈过心里这道坎很难，所以表面上收留是善举，但他的羞愧之情大于感恩之情，早晚有一天还是会离开。

这位朋友听了我的话，继续帮助那位经理，从点滴做起，一步步又让倒闭的企业复活过来。这时候，两人成了真正的朋友。因为两人的企业做相似的业务，彼此之间在生意上也相互照顾，两个人的事业越做越大。

一次酒后，那位经理终于忍不住，向原先的老板忏悔认错，自己当初离开的时候带走了公司的客户，而他却还一直这样帮助自己。我的朋友哈哈一笑，说自己早都知道了，只是这些年一直在帮他保守这个秘密。这样一来，两个人彻底打开了心扉，卸下了包袱。

当我的朋友把这些事情告诉我的时候，我觉得他们两个人的心性都觉醒了，我的目的也达到了。

当你的属下离开你，甚至背叛你，该怎样对待这个人？是愤怒，还是报复？都不是，这样只会在你的心中种下一颗负能量的种子。你们可以继续做朋友，甚至不再往来，这取决于你们之间的关系，但无论怎样，你都应该调整好频率，让你接下来的每一步都是在通往心灵和谐的道路上，而非暴戾和怨恨。

第六节
与市场同频，打通财富能量场

生产同样的产品，有的企业蒸蒸日上，产品在市场上接受度高，有的却撑不过几个月，产品无人问津。世间万物的本质是能量，每一份能量都有自己的频率，企业也不例外。如今很多企业面临着痛苦的转型期，不知道下一步该怎么走，不知道该生产什么样的产品，生产出来又不知道如何推向市场，归根结底都是把握不住市场的频率。

一个企业，如果你的产品、你的决策与市场同频了，就能打通财富能量场，接收到财富。相反，如果没有摸到市场的频率，你的产品就很难被消费者、市场和社会感知到，很快就会埋没在数以万计的新品中，被淘汰。对一个企业来讲，你的产品被大众接受了，便是触摸到了市场的频率。

如何让企业的产品、品牌被大众认知，关键在于以下四点：

第一，你的产品必须散发出正能量的频率。

产品本身永远是最重要的，你的产品能不能帮到需要的人？是不是真正对人有用？能给人的内心带来温暖吗？在这个物欲横流，各种有毒食品、假冒伪劣产品、山寨产品横行的社会中，让你的产品坚持正能量不是一件简单的事情。

你生产产品的时候只是打算捞一笔，还是打算做成百年老店，长期为消费者服务？中国百年老店的数量比西方少很多，国外拥有两三百年历史的家族企业很多，这与做企业的初衷有关。如果你只是为了得到利益，那么你的产品只是一个产品；如果你想帮到更多的人，或者改变这个社会，哪怕只是一点点，你的产品就具有了额外的意义，散发出不一样的频率。

第二，给产品定位，释放出信息。

产品定位非常关键，哪怕只是一支笔，也要做市场定位，因为生产笔的企业太多了，你的笔没有定位就会被同类产品淹没。

定位就是释放信息，发出频率，具有同样频率的消费者便是你的客户。比如你的企业生产了一种笔，外表上看高端大气，下水流畅顺滑，适合用来签字，那就可以定位为领导专用的笔，或者更详细一点：领导专用的签字笔。你的定位会发出一种信息，一种频率，那就是"这支笔是领导人签字专用的"，如此一来，那些具有相同频率的人，比如领导，比如经常出席重大场合签字的人，便会与这支笔同频共振，产生反应。或者一些想做领导的人，会努力调整自己的频率，来与这支笔同频。

准确的定位会让你的产品像一个楔子一样楔住顾客的脑神经。

第三，产品要与企业掌门人同频。

产品是企业的代表，掌门人也是企业的代表，两者如果不同频，那这家企业就有问题了。可以想象，如果一家企业的掌门人对企业的产品没有感觉，甚至不喜欢，这样的产品也很难在市场上胜出。最理想的状态是，企业掌门人与产品同频到"你中有我，我中有你"的境界，比如乔布斯，他将自己的审美、理念，甚至个性全都融入公司的产品中，结果便是人们提起乔布斯就会想到 iPhone，或者 iPad，而一走进苹果的专卖店，甚至登录苹果的官网，就会想到那个执着的乔布斯，尽管他已经离开人世。

人们常说"字如其人"，指的是通过字就能看出一个人的性格，因为字里面携带着这个人的信息，拥有相似的频率。同样，一个人可以成就一款产品，一款产品也可以成就一个人，原理便是两者同频共振，相互促进。

一些设计师的产品水平很高，可能放到别的企业中能大卖，但在这家企业中收获惨淡，原因便是没有考虑到这款产品和企业、老总的定位是否同频，如果你的老板不喜欢你的产品，那基本上就没人喜欢，甚至根本就没有机会面世。

第四，产品要与客户同频。

为什么产品上市之前要先做市场调查？就是要调查顾客的频率。能满足客户的需求，能让客户满意的产品就是一款好产品，所以说，客户的需求、客户的认知便是客户的频率。

近些年大气环境每况愈下，空气质量令人担忧，尤其是华北地区的雾霾。普通的口罩已经不能满足生活在那里的人的需要，他们急需一种能防雾霾、携带方便、价格便宜的口罩。这种需求便是一种频率，某家企业抓住了这个信息，最早进军这个领域进行研究开发和生产，很快将产品申请专利并投放市场，不仅满足了广大顾客的需求，减轻了雾霾带来的健康危害，同时也为企业带来了巨大的收益。这便是一个抓住顾客需求，与客户同频的案例。

宇宙万物都在能量场中运转，都靠频率彼此联系，与市场同频的关键便在于以上四点：你的产品要发出正能量的频率，要有准确的定位，发出正确的信息，方便被同频率的人接收到，然后这个产品还必须是内部认可的，要有自己的气质，同时能满足客户的需求，得到客户的认可。当这四点连成一线，便打通了产品与市场之间的通道，同频共振，把企业带入财富的能量场中。

上面说的是如何帮助一家企业进入财富能量场，如果说你没有自己的企业，没有成为一家企业的掌门人，只是一名业务员，那该如何与市场同频，进入财富能量场呢？关键在于五大认知：

认知自己：对自己要有一个准确、客观的认识，知道了自己的频率才能去跟客户、市场、老板、产品的频率对接。

认知客户：事无巨细地了解你的客户，这样才能得到最准确的频率，一击即中。

认知市场：市场频率背后是财富能量场，你想要的一切都在里面，所以要让自己沉浸其中，认真钻研。

认知老板：你的老板给了你机会，给了你平台，决定着你的成功，他能给你带来阳光，也能让你陷入黑暗，在你成为老板之前你必须听他的，所以你要搞清楚老板的频率。

认知产品：如果你能做到像熟悉自己的孩子一样熟悉产品，就不愁推销不出去。

成功很简单，当机会来临的时候你能比别人早察觉到，危机降临的时候你能提前知晓，所以说决定成功的是感知力。你的感知力如何，这取决于你对潜意识能量的开发和运用，取决于你的能量场是否强大，取决于你的生命势能。一个企业也是如此，上面提到的这些方法可以照做，除此之外还有一些其他方法，比较玄妙，在这里暂不展开详述。

案例：不断调整频率，迎接人生进步

著名作家茨威格在《人类群星闪耀时》中说："一个人最幸运的事情莫过于在年富力强的时候找到自己的使命。"这句话也可以这样说：一个人最幸运的事情莫过于在年富力强的时候找到自己的频率。找到自己的频率才能吸引到想要的事物，才能一步步实现梦想。但找到自己的频率不是一件简单的事情，多少人终其一生寻不到，这样来讲的话，孟刚是一个幸运儿。

如今孟刚是一位定居北京的著名画家，国家一级美术师，而我认识他的时候，他的画还没有卖出如今动辄过万的价格，甚至他的画都没有落到纸上。

当时他是一个小画匠，给人打工画盘子，但是我看出他在画画方面的天赋，更重要的是对画画的热爱。热爱是一个人最好的老师，热爱让一个人散发出强大的磁场。你的思维意识中存在着什么样的种子，才能开出什么样的花，孟刚的身上就存在着成为画家的种子，只是当时的他还不知道，而我看到了，我就有义务帮助他。

当时的孟刚条件不好，用他自己后来回忆的话说就是："那时候我根本就没有事业，家里连电脑都没有，相机也没有，就是洗澡的淋浴器也没有，真的是特别穷。可以说只有住的地方，其他稍微值点钱的东西都没有。"

我告诉他，你将来能成为全国有名的画家，给他树立信念。我用鼓励调整他的频率，让他敢于走出第一步，走出过去的自己。

我介绍他到天津去上美院，他起初不相信，也觉得不可能，他虽然热爱绘画，但从来没有接受过这方面的正规教育，也没有什么能拿得出手的作品。最后，他还是抱着怀疑的态度去了。

在天津学画的那段时间是孟刚一生中的快乐时光，正式拜师，正式学习自己喜爱的绘画。天津学习归来，他不再回原先的工厂上班，在家临摹画。如果只是这样，恐怕离实现梦想还是很远，我决定让他再进一步。

我让孟刚北上发展，到中国的文化中心首都北京去。离开家就意味着离开妻子和女儿，离开父亲和母亲，更大的困难在于他完全不知道到了北京会面临怎样的生活。我用挑战调整他此时的频率，敢于挑战才有机会成功。

就在孟刚犹豫的时候，一位在北京的朋友联系他，让他过去帮忙搞画展。冥冥中自有天意，孟刚便借着这次机会去了北京。

孟刚成了一位"北漂"，有那么半年住在地下室里，常常用方便面解决吃饭问题。他在一个画商朋友的公司里帮忙临摹画，一个月能拿3000块钱。这些钱勉强够他生活，但在北京画画的经历是千金难买的。北京是文化中心、艺术之都，每年举办的各类大小名家画展成千上万，这些机会都是不能用金钱衡量的。

孟刚渐渐适应了北京的生活，温饱也不成问题了，但人生却迷茫起来。他拿着自己的画去推销，可是没人要，到画廊去人家连画都不打开，直接回绝他。另外，对家人的想念时刻折磨着他，尤其是女儿。他没多少钱，不能经常回家，每次回家都发现女儿长高了一大截。一次回家他送女儿去上学，结果路上女儿提醒他："爸爸我都上初中了，你怎么带我去小学啊！"这让他非常愧疚，觉得自己没有尽到做父亲的责任。

在最低谷的时候，他常常一边画画一边流泪，最后蹲在地上哭，他不知道这种苦日子还要过到什么时候。最后他坚持不住了，想要回老家。我知道之后就跟他和他的妻子讲，回来之后只能再过回以前的生活，你们还愿意过那种生活吗？要成功必须先吃苦，要做人上人，必先吃苦中苦，做人下之人。你学会做人下之下人了，你才能够享受人上之人的待遇。

我说了很多鼓励他的话，不断给他注入能量，调整频率，支撑他走完黎明前最黑暗的那段路。孟刚也意识到自己没有回头路可走，他坚定了自己的信念，不能一事无成地回去。

当你做了该做的事情，成功的到来是自然而然的事情。一位他之前听说过但"不敢"打交道的画廊老板看上了他的画。这家名为"锦泉斋"的画廊在当地业内非常有影响力，按照之前选择书画的标准，画家必须是接受过专业系统教育，必须在正规的美术学院或者在全国有名的画院工作过，孟刚哪一类都不属于。2013年中国书画节，画廊给孟刚安排了一个展位，同其他6位知名画家一起展出。奇怪的是，孟刚没什么名气，展位也不大，但人气却特别旺，展位前人山人海，无处下脚。3天的展览，孟刚的作品订单竟然达到了几百万，出乎所有人意料，可谓十年磨剑，一朝成名。

当孟刚取得了一定的成就之后，我要做的就是用打压调整他自大的频率。

面对突然而来的名气，孟刚有些飘飘然，一次我见到他在微信圈里面发了一张上身赤裸的照片，我问他，你是要露富呢，还是要露帅呢？他看到我话里有话，就把照片删掉了。一次他把头发染得很夸张，我跟他说，按说你的身份是可以染发的，也算是打造自己的形象，但是你也要考虑别人的感受，尤其是你的妻子。我告诉他，你现在最重要的是沉稳，最忌讳的是膨胀。

在帮助孟刚调整频率的过程中，有一个因素不可忽略，那就是他的妻子。夫妻之间如果不能保持在同一个频率上，结局往往就是离婚。

最初安排孟刚去天津学画的时候，他的妻子有些不理解，两人经常吵架，这时候我就做她的工作，开导她。当孟刚在北京吃苦的时候，我告诉她，孟刚在外面见世面多了，你们夫妻之间就会拉开差距，就会出现矛盾，所以你也必须提升自己，这样两人才能保持在同一个频率上。

孟刚的妻子是一位农村女人，但她知道我说得对，于是也一直在提升自己。当孟刚突然有了名气，带她出去的时候，她的谈吐、举止完全没有让人觉得配不上孟刚。后来她还开了一家画廊，成了丈夫的经纪人，家庭幸福。

孟刚的绘画事业取得了成功，但修行是无止境的。

孟刚后来开始思考画画的意义，难道就是单纯的卖钱吗？能不能通过自己的画传递出更多的意义，影响人们的心灵？他的想法中多了更多的社会责任感，这也是为什么他之后的绘画题材中多了很多少女图和观音图。

孟刚笔下的少女让人看了感觉到一股纯净，能联想到真、善、美，即便是一些裸体的少女，也不会让人有杂念，不少人都落落大方地挂在客厅里。他选择画观音是想传达一种慈悲心怀，人们心目中的观音都是大慈大悲的。他把自己的画作为一个载体，一个传播自己思想的载体，去影响更多人。

后来孟刚也开始做慈善，还捐助了一个孩子。这个孩子上二年级，母亲是智障，他的父亲患有小儿麻痹，后来又中风，不能走路；一家人住在一间快要倒塌的危房中，让人担忧。

孟刚夫妇帮助这家人盖了新房子，购买了生活必需品，后来还常回去看这个孩子，他不想让孩子觉得别人帮助他是天经地义的，希望孩子自己学会坚强和勤奋。

不经历九九八十一难，唐僧师徒就不会取回真经，他们的阅历也是一部真经。孟刚的成功背后也充满了磨难，这些起起落落的过程便是不断调整自己的频率、迎接人生进步的过程。我对他的鼓励，帮他树立信念，成功后的打压，协调夫妻间关系，都是在帮助他调整频率。

人生的不同阶段需要不同的频率，每个阶段找到最合适的频率才能实现人生，找到自己的使命。

第六章
打通意识与潜意识，还原本我

第一节
通过意识，才能到达潜意识

有人跟我说，他已经意识到潜意识开发的重要性，也真心想去改变，但一遇到困难、挫折，内心只有失落和压抑，不知道该如何去调动潜意识中的能量来帮助自己，最后问我有什么"诀窍"。

潜意识之门是一扇智慧之门，能帮助你走向更广阔的人生，但这并不意味着你什么都不用做就能坐享其成，等着财富、事业、爱情、健康从天而降，这之间还有一段或长或短的路需要你去修行。

潜意识隐藏在意识背后，潜意识中的能量也是通过意识来体现的，所以意识层面是通往潜意识层面的通道。

链接潜意识要先突破意识层面，意识层面主要有心理、思想、精神三个方面。比如一个企业家遇到了事业的瓶颈期，他想调用潜意识中的能量来帮助自己走出当前局面，他首先应该反思自己心理、思想、精神层面有没有做好，有没有激活自己的爱和善根，有没有良心发现，这是进入潜意识智慧之门的基础。

心理层面

意识的心理层面指的是一个人在心理上的付出和承受能力。

精神层面决定了一个人的追求，思想层面决定了一个人的人生观、世界观和价值观，那在实现自己追求的道路上，在践行自己三观的路途中，一个人应当如何对待他人，如何应对困难，这便是心理层面要做的事情。

人生路上离不开他人的帮助，你有没有心存感恩？父母赐予了我们生命，你有没有尽到孝心？你能在这个世间生活离不开自己的父母，你有没有感恩和尽孝？爱人是你一生的伴侣，你有没有对他尽心关照？孩子是你生命的延续，你有没有给他们最好的教育？生意伙伴帮你实现财富，你有没有给他超出预期的回报？

人生路上困难在所难免，你有没有足够的承受能力？困惑总是不时找上门来，你能从容应对吗？不如意事十之八九，你能化解心中的抑郁吗？每个人至少要面临几次不幸，你有没有毅力重新站起来？

如果这些问题的答案是没有，你要先解决这些问题，再考虑潜意识智慧的事情。

思想层面

意识的思想层面指的是一个人的人生观、世界观和价值观，即常说的三观。

人生观、世界观和价值观决定了一个人如何看待别人，如何看待这个社会，如何看待这个世界。有的人"三观不正"，仇视所有比自己生活好的人，报复心特别重，不允许别人有不同的信仰和生活方式，甚至做出一些极端的事情，比如一些恐怖分子仅凭自己扭曲的思想，便会发动恐怖袭击，摧毁无辜群众的生活。

一个人的三观是后天养成的，主要受成长环境和接受教育的影响，比如生长在父母整天吵架的家庭中的孩子，很有可能会对婚姻产生怀疑和恐惧；一个从小便接受"事不关己，高高挂起"教育的人，面对摔倒老人的时候，就会心安理得地视而不见。

三观不正的人在做人层面上还需要修炼，达不到触摸潜意识智慧的层次。

精神层面

意识的精神层面主要指的是一个人内心的追求是什么，他有什么样的人生目标，方向在何处。

人各有志，有的人追求物质上的丰裕，有的人追求精神上的富足。追求物质没什么不妥，毕竟物质条件是人生活的基础，就像企业应该去追求盈利一样。但是凡事就怕过度，当一个人眼中只有物质，就会变得贪心，朋友、亲人、合作伙伴渐行渐远；当一个企业眼里只剩下赚钱，就难免会走上歪门邪道，突破道德底线和法律界限。

一个人应该有怎样的追求，如果这一步走错了，他将永远走不到潜意识的门前。一个人如果没有起码的善心，一个企业如果唯利是图，他们首先要做的是反省当下。

你的人生追求，你的三观，你的感恩心和对挫折的承受能力，如果这三关都打通了，你才能拿到进入潜意识大门的钥匙。很多人当下要做的是内观自己，反省自己，找出自己意识层面的问题，解决这些问题。

反观自己说起来容易，但现实生活中人们更多的还是把眼睛盯在别人身上。真正的内观是与自己的心灵建立连接，对自己有一个清醒的认知。人们习惯了向外寻求答案，忽视了内心的力量。很多人喜欢说："如果当初怎么怎么样，今天就怎么怎么样。"这是非常典型的把自己的得与失建立在外部条件上，如果你的快乐都是外部条件搭建起来的，那这份快乐便不是真正的快乐，因为它们是能被别人拿走的快乐。

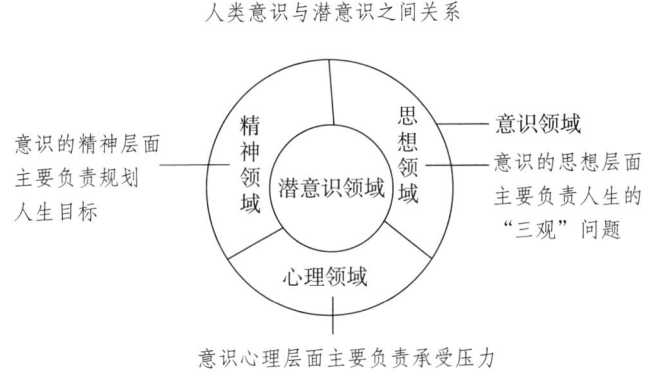

正是在这样的环境中，人们一步步远离纯真的本我，在精神、思想和心理方面堆积了很多负能量，一步步远离潜意识智慧能量。很多人找我帮忙，我为他们做的不外乎也是这些工作，卸下精神上的负能量，找到自己的频率，去链接宇宙中属于自己的能量。

渴望运用潜意识智慧能量的人已经不满足于运用意识和思维层面的能量，想要超越意识和思维，在心灵层面绽放。那些精神、思想和心理层面带给你的善意、良心、爱，是你通往潜意识层面的通行证。所以说，要想到达潜意识层面，先要解决意识层面的问题，你可以超越它，但不能跨越它。

第二节
与潜意识沟通的四种途径

真正开发出潜意识中的能量并非简单的事情，需要排除意识和潜意识中的负能量，寻找到自己的频率，构建一个和谐的能量场，要向宇宙发出正确的频率，相信自己能够得到回应，要抓住一切降临到自己身上的机会，一步步修行。在这个过程中，你要不断去跟潜意识做沟通工作。

在这里介绍五种沟通潜意识的途径：

途径一：激活爱和善根

爱是宇宙中最强大的能量，这种能量可以穿透人心，感化那些沉睡已久的人，唤醒他们的意识思维，帮助他们找回本性。

我曾多次讲，爱是排除负能量的根源，也是最有效的手段。尤其是在当下社会，人们为了满足自己的贪欲，人心变得险恶、阴暗、狡诈，一再做出违背道德仁义，违反宇宙规律、自然规律的事情。人类本性中的善良具有强大的正能量，这种正能量正在一步步散失，表现便是人与人之间的亲情、友情慢慢淡化，家庭、公司、社会都在面临各种危机，大自然和生存环境也受到了严重损害。

如果你见不到我，不能到我的课上来，那这种激活爱和善根的方式也有很多种，比如你可以有信仰，不管是信仰哪种宗教、信奉哪位大师，或者只是迷恋一种事物，喜欢花草，喜欢小动物，只要它们能激发出你的爱心，激发出你的善根，你就是在一点点超越意识层面，接近潜意识的能量。

途径二：向潜意识敞开心扉

吸引力法则的第一步就是向宇宙发出自己的要求，这个要求必须具体、真诚，这就要求你要对潜意识敞开心扉，交付真实的自己。

把自己最真实的想法告诉你的潜意识，态度诚恳，保持信任，不要有怀疑，就像跟自己最好的朋友谈心那样，这样才能触及心灵深处的那个本我。

可以选择晚上入睡前，或者早上醒来的时候向潜意识交心，清楚地传达自己的要求，力度要合适，不要变成"讨要"，如果你在传达的同时得到了答案，就当作潜意识给你的回复，认真执行这个回复。

一位研究潜意识的专家说："如果你的心灵能够正确地思考，并且不断地把和谐而富有建设性的想法注入你的潜意识，那么，你的潜意识力量就会在一片平和中发生作用，为你带来和谐而令人满意的生存环境。只要你开始控制你的思维流程，你就能够有意识地运用潜意识的无限潜能解决你遇到的任何麻烦。"我同意这种说法。

途径三：放空自己

一个人处于放空状态中，内心的本我便会浮现出来，让人认识到一个既熟悉又陌生的自己，这跟潜意识中的能量给人的感觉一样。

很多心理医生和精神科医生都擅长用催眠法帮人治疗心理疾病，无论是什么样的病人，进入催眠状态便会毫无抗拒，交付出自己的内心。当一个人处于催眠状态，精神会极度放松，这种情况下的交流没有阻碍，没有隐瞒，是真正心灵和精神上的沟通。

催眠需要专业技法，普通人不易掌握，但是可以通过其他方法。比如在一个安静的环境中打坐，时间久了便会感受到之前没感受到的东西；

或者放一支舒缓的轻音乐，想象自己正在最能让自己放松的环境中沉睡，比如松软的草地上，或者静谧的沙滩上；再比如泡一个热水澡，让自己从身体到精神彻底得到放松，忘掉身心，倾听大脑最深处发出的声音。

途径四：睡眠接收法

白天人处于工作状态，所有的活动都是在消耗能量，感到累了、困了、倦了，这是能量不足了。按照身体内部运行的规律，晚上是最好的补充能量的时候，睡一觉人就像是被充了电，第二天便又恢复了能量。

上面提到的这些方法，适合那些没有基础，想体验一下入门修行方法的人，只能让你触及潜意识的表层而已。如果是想再深入一点，触及潜意识的中层和深层，进入更高的阶段，从灵性层面展开修行，那需要做更多的工作。开发潜意识是一项很复杂的工程，并且越是想链接到潜意识的深层，激发出更大的能量，需要做的工作便越多。

第三节
潜意识之路的终点是本我

我有一个朋友，从事幼儿教育，聊天的时候常听她说："我很喜欢现在的工作，和孩子们在一起感觉很幸福。孩子像一张白纸，没有烦恼，没有忧愁，因为一件小事，就可以笑得很开心，真是让人羡慕。"

这样的想法并不罕见，几乎每个人都曾想过回到童年。为什么人总想回到童年，回到还是一个幼儿的时候？这个想法无意中透露出了潜意识开发的核心，那便是找回本我。

长大以后我们每天的思考、工作、学习用的大多是意识，而非潜意识，但在出生之初，婴儿还没有受到社会环境的污染，运用的能量百分之百来自潜意识。人们向往回到童年，其实是向往那种运用潜意识能量的本我状态。

从我们在母体内成为受精卵的那一时刻起，智慧就会进驻了。一岁之内，宝宝大多在睡觉，这时他们在接收能量。那时候每个人的智慧是平等的。

潜意识能量中记载着我们远古至今所经历的各种经验和智慧，后天意识里的智慧都是通过学习学来的，和潜意识的智慧相比只是九牛一毛。那些有大成就的人，无论是商业天才、伟大的科学家，还是政治领袖，他们更多运用的是潜意识里的智慧。

随着年龄的增长，五官等感知系统完善，社会环境、家庭教育的影响，以及其他各方面的信息的整合，综合成为一个人的最初的意识。这时候，人们对外在世界有了越来越多的认知和感受，更多舒适的、满足的感受形成了人们的意识行为，当我们贪恋外在环境给我们带来的各种刺激时，我们的潜意识智慧则会慢慢被掩盖，本我慢慢让位于自我。

到了7岁左右，孩子的性格慢慢成型，开始有了小心计，也就是学会了运用意识。这个阶段可以很好地培养孩子正面的能量场，帮助他开发潜意识中的能量，让良好的心智模式固定化，这对孩子未来的生活影响很大。所以说，这个年龄段对孩子的培养来讲非常关键。

过了这个年龄段之后，因为人是吃五谷杂粮的，也接触各种信息，家长的教育，社会环境的熏陶，大部分人的潜意识开始封闭，少部分人继续保持，这少部分人在外人看来拥有"天赋"，被称为"天才""神童"。也就是说，每一个孩子都曾经是"天才""神童"。

伴随着年龄的增长，人们越来越远离本我，远离潜意识的智慧。尤其是在当下这个金钱社会中，人的"贪念"越来越重，丧失了纯真的本性。贪、嗔、痴主导着很多人的心性，使整个社会风气越来越差，为了追求财富最大化，不惜丧失道德，不惜摧毁人的精神世界，比如制造有毒有害的食物摧毁人的健康，传播低俗文化腐蚀人的心智……渐渐地，自杀、他杀、暴力、战争等等极端行为一再出现，对自然的破坏和不敬畏，也使得地震、海啸、台风、龙卷风等自然灾害频繁发生，危机四伏，生命变得更加脆弱。

对贪念的痴恋，使人失去了提升心性的时间和兴趣，一方面财富在无限扩大，一方面心性能量在极度萎缩，结果便是愚痴心加重，很多人获得了财富，但同时迷失了智慧，迷失了自己！

宇宙创造人类，本意是让这些灵魂有一个修行、能量提升、意识进步、走向更高灵魂的途径，但更多的人却是在一步步迷失。

本我并没有离开，它只是被人的各种欲望给遮蔽了，就像灰尘蒙住了镜子一样。正是因为如此，人们时常会感受到存在着另外一个自己。有时候你觉得自己的情绪既是自己的，又不是自己的；你的欲望是你的，也不是你的，你的身上存在着另外一个意识。这个意识一直伴随着你成长，陪伴你上学、工作、恋爱、结婚，你的身体、情感、阅历和体验它也都一起参与，有时候会跳出来指导一番，但更多的时候它只是一个旁观者，看着你欢笑和哭泣，看着你成功和失败，无论时光如何变迁，外面如何沧海桑田，它都陪伴着你。这个意识，便是你的本我，便是你潜意识中的能量。

很多人说我帮助了他们，那是因为我看透了他们的生活都是在演戏，每天在学别人，过着别人的生活。

我做的一切，不管是排除负能量，还是构建能量场，都是为了激活他身上原本的自己，唤出本我。我只是那个"擦镜子"的人，这些人后来得到的提升是他们本我中原本就有的能量。

一位女性朋友，不到30岁就事业有成，是一家电视台金牌节目的主持人。在外人眼中她是个光鲜亮丽的人，住在富人区的豪宅里，出入都是名车接送。她原本也这样安慰自己，告诉自己，你已经足够成功了。但是有一个声音总会不时飘进她的耳朵，有时候是在梦中，有时候是在洗澡的时候，或者开车的时候，甚至做节目的时候，这个声音告诉她："你不快乐！"

她心想，自己的事业已经够成功了，为什么自己还会不快乐，是不是还需要一个完美的伴侣？几年之后，她找到了自己的另一半，虽然称不上完美，但也长相英俊，年轻有为，是无数女人眼中的白马王子。他们幸福地结合了，家庭的温暖让她暂时忘却了烦恼。

又过了几年，那种不快乐的声音又浮现出来，时刻提醒着她。她心想，自己还缺什么呢？应该是缺孩子吧。她很快把生Baby的计划提上日程，十月怀胎，一朝分娩，她有了一对可爱的双胞胎。从那之后，孩子成了她快乐的源泉，她工作起来更有动力，和老公的关系也更加和谐，在外人眼中这是快乐的一家人。

随着孩子慢慢长大，随着父母慢慢变老，随着事业进入平缓期，让她不开心的事情越来越多，她有些应付不过来，不知道还有什么能让自己再次振奋起来。

她问我："为什么孩子们那么快乐？一片树叶、一个贝壳都能让他们乐上半天。为什么孩子的眼睛那么清澈，那么无邪？"

我回答她："这便是一个人的本我，每个人都是从这个阶段过来的，只是大部分人的眼睛被这个五花八门的世界吸引了。他们追着财富跑一阵子，又追着事业跑一阵子，还有婚姻，还有职称，还有各种虚名。渐渐地，等他们停下脚步，回头看去，早已找不到来时的那条路，只能一步步硬着头皮往下走，越走越痛苦。"

她若有所悟，我接着说："你有了事业，有了老公，有了孩子，过上了让人羡慕的生活，但终究还是觉得不快乐。那孩子有什么？他们什么都没有，却那么快乐。"

我帮她排除了身体上和意识里面积累的负能量，化解了心里的疑团，重新构建能量场，很快就召唤来了她想要的快乐。结果如她所愿，她成了一个简单的人，一个快乐的人，一个更多向本我和潜意识吸取能量的人。

有多少人在人生的路上反复兜圈子，而正确的那条路就在一边。其实变得强大、快乐很简单，只要让你的意识回归本性，用爱去召唤回本我，回到小时候那个原本就很强大的能量场中去。

还原本我，就是向内心深处去寻找那个真正的自己，如一首偈子所言：

佛在灵山莫远求，灵山只在汝心头。
人人有个灵山塔，好向灵山塔下修。

第四节
痛苦源自苛求太多——回归本性

欲望是一个人前进的动力，但如果执迷不悟，这种动力又会成为羁绊。如同鸦片最早的作用是在医学上帮助人缓解痛苦，结果因为很多人缺乏自制力，把它当作毒品来吸食，最后救人的东西变成了害人的东西。

欲望是一个人回归本性最大的障碍，太过痛苦背后只是因为一个人想要的太多。

一个人听说沙漠中某处埋藏着宝藏，便收拾行囊，带着食物和水进了沙漠。很多天过去了，距离宝藏所在地还很远，但带的食物和水已经消耗尽了。

这个人躺在地上等死，在奄奄一息的时刻，他向佛祖祈祷："佛祖啊，如果你能再给我一次机会，我一定不这么贪财了。"没想到佛祖真的显灵了，出现在半空中，他问这个人，说："你有什么需要我帮忙的吗？"

这个人说："我想要食物和水。"

佛祖满足了他的要求，给了他食物和水，足够他走出沙漠。

这个人很高兴，但是心里犹豫了，最后还是没有抵抗住宝藏的诱惑，继续向沙漠深处走去。经过艰苦跋涉，他如愿以偿地找到了宝藏，但此时食物和水又耗尽了，只能再次寻求佛祖帮忙。

佛祖像上次一样，显灵后给了他食物和水，但他因为身上还背了不少金银财宝，回去的路走得格外慢。眼看着走不出去了，这个人才开始一点点舍弃这些金银珠宝，到最后走出沙漠的时候衣衫褴褛，身上一分钱都没有了。

这时候佛祖又出现了，对他说："你现在不比当初进沙漠的时候富有，却比那个时候痛苦，起初是想要而得不到的痛苦，后来是饥渴的痛苦，再后来是得到又失去的痛苦，其实你第一次得到帮助的时候就应该返回的，但是你太贪了，后面受的这些罪都是自找的。"

多少人总觉得拥有的幸福和快乐太过稀松平常，一再去追逐名利，追逐新的欲望，包括一些不洁的欲望，到头来连最普通、平常的幸福和快乐都失去了。

上面说的是追名逐利，其实在人与人之间的感情上也是如此。

一个女子觉得自己特别委屈，去找大师化解。

她对大师说："我对丈夫关心得无微不至，从穿衣到吃饭，都精心准备，早上我为他挤牙膏，晚上我为他放洗澡水，就算是工作上的事情我帮不上忙，也都打听清楚，为他分担压力。我对女儿的关心也一样，每天的衣食住行、学习成绩、同学关系都要操心，还要担心她有没有早恋。但就是这样，我在家里常被他们父女孤立，谁都不领我的情，不念我的好。"

大师带这位女子到门外，指着一堆沙子说："你伸出双手去捧沙子，看看最多能捧多少。"

女子伸出双手，插进沙子中，使劲捧起一大把沙子。

大师又说，你想办法让手中的沙子更多些。这个女子犯愁了，两只手一旦离开便会有沙子漏下来。

正在这个女子不知道该如何是好的时候，大师说："你拥有的已经够多了，但你总想要更多，结果只能是连原先的也失去。你的丈夫事业有成，女儿活泼可爱，一家三口已经够幸福美满的了，但你总想要更多，你觉得自己在关心他们，岂不知自己是想控制他们，又有谁愿意被别人控制呢，哪怕是自己最亲密的人！"

大师转身离去，只留下女子对着沙子若有所思。

对贪欲的执着，会让一个人心性的能量萎缩，本我的面目被渐渐蒙蔽，感觉变得越来越迟钝。在这个过程中，人开始忽略身边简单的快乐、珍贵的亲情，越来越忙的同时越来越累，或许积累起了财富，但也丢掉了自己。

我开过一门辟谷的课程，在课程的几天内减少大家的饮食摄入，通过这种尽量减少物质依赖的方式，让大家清空自己身上的负能量，清除欲望，感受本我。一位学员课后写了自己的感受，部分摘录如下：

> 9天的辟谷，让我有脱胎换骨的体验。
>
> 现在生活越来越好，就像古人说的："温饱思淫欲"，欲望越来越多，身体越来越差，烦恼越来越浓，情绪越来越不受控。物质文明提高了，精神文明下降了，这是当下的现状。
>
> 我们商人更是生活在水深火热之中，每天与各路人打交道，比黑社会老大的压力还大，还不被身边人理解，常被称为"奸商"，性格难免会有扭曲，精神也都有或大或小的创伤……
>
> 辟谷前，早上起来有焦虑感，辟谷后焦虑感减少了很多。我是个比较急躁的人，辟谷后也能表现得比较沉稳了。我在东北待了16年，喝了好几吨酒，身体伤了，辟谷后，胃肠好了一些。现在，对酒没有什么特别感觉，看别人喝酒，自己不喝，也不嘴馋。辟谷后欲望下降了，思维变得流畅，现在写东西，常常有下笔如有神的感觉。
>
> ……我现在理解了当年困难时期人们吃不上饭的感觉，理解了动物觅食的艰辛，也理解了为什么有些人为了物质会不择手段，理解了一切罪恶都是人类自身造成的……我们应该善待动植物，善待犯了错误的人，善待我们不喜欢的人。

世界万物都沐浴在浓浓的爱中，一切已无比圆满，大自然就像母亲一样。在这里爱是免费的，什么都是免费的，阳光、空气和水……免费的爱才是真爱，免费的东西才弥足珍贵。宇宙没有抛弃我们，我们并不孤独，我们的一切都能被世界感知，我们的一切都能被世界包容，即使犯下错误，世界依然会给我们机会改过自新。

六祖慧能在舂米的时候开悟了，佛陀在菩提树下开悟了，世间万物都是我们开悟的贵人，但开悟的根本是找回失去的自我。

一个人可以享受的快乐，可以用到的智慧，心性足以满足，只是日积月累，世俗的生活给心性蒙上了层层尘埃。只有拂去尘埃，把自己交付给心性，交付给自我，才能实现大自在。如下面一首禅诗所说：

我有明珠一颗，久被尘劳关锁。
而今尘尽光生，照破山河万朵。

第五节
做好自己才是真理

一个人沉静下来的时候，会醒悟眼前的一切只是浮云，当你在每天做着自己喜欢的事情，虽然没有多么伟大、辉煌，但是真切地感觉到自己活得有价值，活得真实。关于何去何从这个问题，我也曾问过自己，有一天我顿悟了——做好自己才是真理。

有人问我为什么快乐总是那么容易逝去，悲伤又如潮水般紧接着涌上来，我告诉他因为你没有做好自己。如果你没有按照内心本我的指示去做，你得到的权力、财富和健康都是依附于外物的，都是向别人讨来的，决定权不在你的手里。当让你快乐的事物不在了，你的快乐也就不在了。就像在流沙上搭建房屋，随时可能失去。

因此，不要向外界寻求快乐，而是回过头来向内心寻求，听从本我的安排，由心发出喜悦。这种发自内心的喜悦、平和是谁都夺不走的。

你的人生定位，你为自己选择的道路决定了能否过好这一生，每个人性格不同、志向不同、成长轨迹不同，人生定位和选择的道路也就不同，但有一点是相同的，你的选择必须发自内心，出自本我，来自潜意识层。

> 李医生如今是一家全国知名医院的微整形专家，心性沉稳，信念坚定，生活和工作回报了她的这份坚定，让她家庭和谐，事业有成。作为一路上见证她成长的人，我深知背后的路并不平坦，但好在她在关键时刻都坚守住了本我。
>
> 她因天性喜欢美丽，当时选择了做整形医生，去帮助千千万万爱美的女性。几年前有一家非常适合她的整形医院，但她对自己没有信心，觉得自己的能力还不够。这时候我用信念鼓励她，用心念激励她，给她增强信心。到最后，我甚至强硬地跟她说："这家医院你必须去，你必须迈出这一步！"
>
> 很多时候就是这样，即便是在内心渴求的机会面前，也有很多人会选择退缩。我虽然用的是强迫和压制的办法，但我知道那是她想要的，只是信心还不足，需要别人帮她加一把劲。多少人就因为在关键时刻缺少一个后援，白白错过机会，最后走上另外一条错误的道路。
>
> 用了大约一年的时间，她在这家医院便小有名气，并在微整形

领域有了一定的知名度，成为很多知名人士的御用整形师，很多爱美人士排队预约。那段时间她很风光，开始膨胀。当一个人在他人的赞赏中自我陶醉的时候，便会渐渐远离本我，远离初衷，远离智慧。多少人便是因为走得太远，而忘了当初为何出发，忘了初心。

我看到了她的膨胀，便出来"打压"她。我跟她说："在别人的平台上你可能是王，当离开这个平台之后，你可能只是虫而已。你之所以有今天的风光，是因为你借用了人家的平台，是这个平台在衬托着你。"

她也认识到了自己的问题，很快转变态度，收敛起张扬的一面，专心工作。

树欲静风不止，当她开始安心做一名好员工的时候，主管打起了她的主意。看到她赚钱多了，于是想方设法克扣她的工资，排斥她。面对这样的对待，她有些不淡定了，而我则劝她留下。

我对她说："第一，当初别人给你这个机会，你要学会感恩。第二，人在做，天在看，宇宙是平等的，你把自己的良心摆平，宇宙会看得很清楚。你用心做好自己的事情就行了，你既然热爱这份工作，就把它当成一份事业来做，传播爱的事业，事情自然会好起来的。第三，你要学会低调做人，团结好身边的人，有些事情可以像打太极一样，以柔克刚，让时间证明你是一个什么样的人。"

果然，之后她在一些事情上的表现感化了主管，他改变了态度，不再排斥她，两个人相处和谐。

很多人遇到困难的第一反应是逃避，哭是逃避，烧香念佛也是逃避。但是，逃避解决不了你的问题，你应该做的是遵从内心的呼唤，听从自我的指示，调动起自己的智慧和能量，从身边的小事做起，一点点争取改变局面，或者弥补自己的过错，这才是应有的态度。真正的修行都是落地的，具体到行动的，信仰的本质也不是天天祷告就可以消灾除祸，增福增寿。重要的是，你要落到实处，要有分辨力，有分析力，有判断力。

经历磨难的李医生现在是一位有名的微整形专家，担任多位明星的微整形顾问，还在香港华娱卫视阳光美丽私家医院担任特邀嘉宾。除此之外，她独自创立了灵性微整形，倡导"身心灵美合一"。她认为，人不同于雕塑，是有灵性的，千人千面，并立志通过自己的双手把每个人的灵气展现出来，形成了自己独有的风格。她在为顾客服务的同时，更关注顾客心灵，为顾客带来更高的美丽体验和感受，同时还增强了客户的幸福感。

很多人希望能打开自己潜意识智慧的大门，还原本我，从而超越他人，过上人人羡慕的生活，这是一个误区。不要妄想此生在前三四十年只是一个平凡普通人，然后一下子就会财富暴增，成为亿万富翁，或者原本形单影只，第二天一睁眼就能遇见心上人，从此过着幸福无忧的生活。我们所有的提升是基于自己原来的人生轨迹的基础之上的，无须去跟别人做比较，同时更重要的是这些信息本身并不会自动变成结果，这中间还有一段或长或短的修行之路是需要自己去走的！

人生如同一场比赛，有时候你超越别人，跑到了前面，有时候别人超越了你，你落到了后面，但谁在前面和谁在后面并不重要，关键是你要用适合自己的节奏去跑。选择适合你自己的人生之路，发挥自己的最大潜能，做最好的自己。

案例：让潜意识接管你的生命——成功人士如何突破瓶颈

有一项调查显示，成功人士比普通人更加焦虑，在外人看来这个说法有些"矫情"，但事实确实如此。事业的成功是成就，也是负担，站在山脚的人迷茫要少一些，而站在山巅的人常常会觉得无路可走。

多少成功人士，商界大佬也好，演艺明星也好，最后都选择宗教皈依，想要从另外一种通道获得指示，提升自己的势能。当然，结果也是参差不齐，有人提升了，有人更加困惑。归根结底，提升生命势能要有法可依，不是念几句"阿弥陀佛"，或者做几次祷告就可以实现的。

李云龙是周围人眼中标准的成功人士，中国最好的政法大学毕业，做律师起家，后来又进军投资领域，不到40岁便积累了令人羡慕的财富。但是，李云龙也有自己的烦心事，事业越做越大，常常让他焦头烂额；即将走入婚姻殿堂，未来能做些什么，不能总是一心扑在钱上吧？

我认识他的时候，他就是处在这种瓶颈期，一种典型的成功人士的瓶颈期。外人眼中他很风光，而我则看到了风光背后的东西，他是个聪明人，能力超出一般人，人际关系处理得非常好，这也是他为什么能够成功。但我知道，他还有很大的提升空间，因为他淋漓尽致地发挥了意识中的能量，而潜意识里面蕴藏着更大能量，如果他能把这个意识与潜意识之间的通道打通，各方面还能再上一个很大的台阶。

他充分挖掘了意识中的能量，这为他带来了成功，但也意味着这条路走到了尽头，他需要重新构建自己的能量场，进入另外一条人生轨迹。我很欣赏他的成就，同时能体会到他的焦虑，决定帮他，不过我事先跟他说好了，你一定要按照我说的去做，停留在我帮你构建的能量场中，不然效果会大打折扣，我们就白忙了。

我用在李云龙身上的这一套方法对所有面临瓶颈期的成功人士基本上都适用，分为六步：

第一步：找准频率

人们往往因为出发太久而忘了原本的自己，所以第一件事应该就是全面审视自己，把自己梳理一遍，客观地列出自己的优点和缺点，清楚自己现在发出的是什么样的频率。就像医生看病，先做一个全面的检查，把这个病人的情况全部掌握，才能找出病根，对症下药。

第二步：找准弱频、负频、低频

成功人士身上正面的优点很多，不要过于自恋，沉迷其中，它们促进了你的成功，但当你决定迈上更高的人生台阶的时候，它们只是垫脚石而已。更应该注意的是那些弱点和不足之处，也就是频率中的弱频、负频和低频。

一个人致命的部分往往是他的弱点，这也是为什么很多人在极力掩盖自己的弱点，但弱点也是一个人能获得最大提升的地方，所以不要自欺欺人地对弱点视而不见，要去发现它，正视它，战胜它。

每个人身上都承载着负能量，包括身体层面的、意识层面的、潜意识层面的负能量。这些负能量会影响一个人正常的频率，我称之为负频。

即便是很有把握的事情，也有时候会发挥好，有时候失手，发挥失常的时候人们一般会用状态不好掩饰过去，这种状态不好的时候人发出的便是低频。状态不好不是借口，有的人甚至在很长一段时间内都会处于这种低迷的状态，严重影响生活和事业。很多运动员原本可以取得更好的成绩，登上巅峰，但结果却是在长时间的低迷之后匆匆退役，令人惋惜。

第三步：找准心性的频率

多少人获得了财富之后高高在上，心比天高，忘记了最基本的为人之道，本我的善良和悲悯被覆盖。中国有句古话："在其位，谋其政。"成功人士应当承担起更大的责任，但这方面很多成功者做得不尽如人意。很多人"仇富"并非仇视他人的财富，而是痛恨这些人没有承担相应的责任。

无论取得了多大的成就，都要懂得感恩，懂得回报社会，做人上不要狂妄自大，不要目中无人，要知道什么叫修为，懂得如何修行，积累功德，厚德方能载物。

第四步：排除负能量

负能量的危害极大，身体层面的负能量影响人的身体健康，又通过身体影响一个人的斗志和积极向上的心态；意识层面的负能量会使人失眠、抑郁，甚至是行为失控，久而久之，会对生活失去信心、人际关系淡漠、仇视社会；潜意识层面的负能量潜伏期长，会持续影响一个人的生活，使人一生不得解脱。

如何排除负能量前文中讲过，针对一般的身体层和意识层的负能量，可以选择一个人安安静静，撇除干扰，放空自己，比如晚上睡觉前闭上眼睛静坐；可以选择转移注意力，比如出去旅游，去见一个远方的朋友；可以找人倾诉，跟哥们儿吃饭，跟闺密逛街，或者跟父母、爱人谈心，把压力讲出来；可以发泄，比如大哭一场，让眼泪带走委屈；再比如运动，坚持跑步，或者到球场上去挥洒汗水。

这几种方法基本上可以化解一般的负能量，但是潜意识中的负能量根深蒂固，不易排除，要靠更深层的心理沟通和一定的特殊方式方法才可清除。很多人找到我帮忙，便是这种情况。

第五步：引导和教化

当一个人全面排除身上的负能量之后，就像是获得了新生，无论之前的自我多么强大，也都被放下了。这时候的他们像个婴儿，需要一步步引导和教化，在原有基础上重启新的人生道路，走上更高的人生道路。

引导和教化是从日常点滴的事情开始的，一点点提升修为。引导他们运用潜意识中的智慧做事情，遵循本我的指示与人相处，活得轻松，又不失睿智。

第六步：加持能量

生活即是修行，后天的生活会帮一个人聚集和接收能量；有的人有信仰，十分虔诚，也能得到能量；还有人努力修行，做慈善，也能修来能量。很多人说跟我在一起会觉得能量有提升，也有人要我的照片回去，说这也是一股无形的能量。我也很高兴自己能够帮助到他人，愿意跟他们分享我的能量。

最近几次见到李云龙，他脸上的迷茫少了很多，笑容明显多了，这是好兆头。一问，果然是生意上比较顺利，几个当初把握不大的项目都拿下来了。谈起将来的生活，他很坚定，已经在策划成立一个慈善机构，和爱人一起运作，事业、慈善两不误。我觉得，这样的心态和作为，才配得上"成功人士"这个称号。

第三篇

回归灵性

第七章
即将到来的第四次浪潮

第七章　即将到来的第四次浪潮

第一节
文明在发展，心性在退化

> 在这个变化万端的时代，个人的生活被撕裂了，现存的社会秩序荡然无存，崭新的生活方式正从地平线浮起，探问人类前途这个奇大无比的问题，不仅仅是出于求知的好奇心，更是生死存亡的抉择。
> ——《第三次浪潮》（中信出版社）阿尔文·托夫勒

新闻报道，日本生产了一种专门为成人使用的尿不湿，那些坐在电脑桌前不想起身的人如果有了尿意，可以用它解决。很多人把这个新闻当作笑谈，忽略了背后的问题，一个严肃的问题：这个时代正面临着一场心性退化，人类逐渐变为空壳的危机。

美国社会学家阿尔文·托夫勒在其名著《第三次浪潮》中对人类社会做了总结和展望，他认为人类经历了农业社会、工业社会，将进入新的文明社会，掀起人类历史的第三次浪潮。今天再看，这第三次浪潮已经有了答案，那就是以电脑、手机和互联网为标志的信息社会。

从农业社会到工业社会，再到信息社会，每一次浪潮的时间越来越短，但对人类社会产生的改变却越来越激烈，今天的生活是过去的人们不敢想象的。在历次浪潮中，人类的地位和命运也随之改变。在农业社会，人是社会的奴隶，也是自然的奴隶，他们在自然面前几乎没有任何对灾难的抵抗力，无论是刮风还是下雨，都有可能成为一场灾难，只能顺着自然走；工业社会是被机器塑造的，每个人都像是机器上的一个零件，像是工具，机械、刻板地生存着；进入信息时代之后，人开始被信息绑架，逐渐变为空壳。

纵观农业时代、工业时代和信息时代，人类从来没有自己做过主，一步步远离了本我，最后无力掌控。当下信息化时代中，这种表现已经非常明显。

今天的科技已经发展到前所未有的高度，以前只能出现在科幻小说中的事情，正在逐一变成现实：两个人远隔千里便能通话，而且是视频通话；宇宙飞船上天，人类操纵的探测器已经在亿万公里之外的火星登陆；一些科技公司甚至已经在研究使用意念书写……

科技给人们生活带来了便利，但不得不说也是设了一个陷阱。人们开始变得懒惰，减少思考，甚至连基本的衣食住行都可以召唤高科技产物来解决。工厂里有机器人在加工生产，家里有机器人做保姆，连锻炼身体都不用到户外去，有机器帮你来完成。这样看来，开篇的那条生产成人尿不湿的新闻也就合情合理了。这种物质表象的进步背后难掩人类心性的退化、本我的缺失，结果便是亲情的淡漠，人与人之间缺乏沟通，心理疾病越来越多，各种心理咨询机构如雨后春笋般纷纷成立，心理医生翻倍增加。谁又能说这是一种进步呢？

时代在发展,按说人类的智慧也应该增长,但看看当下的教育模式,不禁让人怀疑和担忧。

一位在电视台工作的朋友对我诉苦,说想把读小学的儿子送到国外去读书。我问她怎么了,孩子还这么小,等上大学或者高中的时候再出国也不迟,那时候有了自理能力,否则还得专门有人去照顾。但是她觉得这件事刻不容缓,因为她感觉自己孩子的思维被学校和老师绑架了。她的孩子变得没有自己的主张,什么事情张口就是"这是老师说的""老师让我们这样做的"。她认为国外的教育比较推崇独立思想,能给孩子更大的发展空间,而不是一种局限的模式化教育。

我认同她说的问题,但同时她也可能过于乐观了,因为科技发达、信息发达导致人的功能表面进步,心性上退化,这是一种全球化的现象,是全人类面临的问题,出国不一定就能解决这个问题。

经济危机也是当下面临的一个大问题,每隔一段时间经济便会大动荡一次,小动荡就更不用说了。每次经济危机都会有大批企业倒闭,无数人失去工作。曾经有人问我如何在经济危机时期让企业保持生命力和成长力,度过危机。我的回答是当下社会的环境和人心背景下,经济危机只能一再发生,循环往复。

经济危机是一个物极必反的自然规律,每当人心的物质欲、贪欲达到一个顶峰,经济链条薄弱的环节便会首先承载不住,开始断裂,继而整个经济链条受到影响,严重的时候甚至会崩溃。当下是一个物质繁盛、人心的贪欲特别旺盛的时代,出现经济危机一点儿都不奇怪。

从农业时代到工业时代,从工业时代到信息时代,再加上信息时代发展至今,人类的科技在进步,但被忽略的一个最关键问题是心性在退化。

总而言之,心性的退化是当今社会所有弊端的根源,是人类发展的障碍。这也是为什么我一直在呼吁人们要重视心灵，要开发潜意识中的能量，要还原本我。我是要人们把内心最深处的本质绽放出来，把善根和善念绽放出来，把心性绽放出来，用这些能量填满灵魂空虚的一个个空壳。

科学在发展，技术在更新，人的内心也需要进行一次更新，这样才能适应社会的发展，真正做自己的主人，做社会的主人。

纵观整个人类文明，每当一个文明达到顶峰，便会遇到一场大灾难，轻则衰落，重则灭亡。至今很多逝去的文明人们还无法破解，连它们是如何灭亡的都不知道，只能惊叹这些文明所达到的高度。按照物极必反的规律来看，人类文明将很快面临另外一次浪潮的到来。

第四次浪潮将会是一场心灵的洗牌，一次回归心性和本我的征途，一场开发潜意识能量的革命。

第二节
未来世界是被心灵塑造的

未来世界将会被什么主导？这是人们热衷谈论的一个话题。有人说未来世界将会被人工智能主导，但我认为未来的世界是被心灵塑造的，心灵的高度和宽度将决定世界的和谐。

当最早出现机器人的时候，很多人担心人类会被机器人取代，这种担心是多余的，因为机器人没有自己的思维，没有心灵，更没有灵性，它们依靠人类输入的程序做事情，非常机械。但是人类不满足于这种只会模仿和按部就班做事的机器人，在人工智能上下了很大的功夫，希望有一种技术能更舒适和无缝地衔接一个人的大脑。

如今人工智能越来越多被人提起，并且一些小的产品已经应用到了人们的生活中。比如：有的智能家居会自动判断进屋的人是谁，根据这个人的喜好调节灯光的颜色和他最喜欢的亮度；如果这个人去洗澡，浴室会自动播放这个人喜欢的音乐，水温调整到这个人认为最舒适的温度。

一些更加先进的人工智能也正悄悄面市，比如有一家冰箱企业生产的智能冰箱会根据主人的饮食习惯帮助主人给饭店和快餐店下订单；如果主人晚上想喝粥，智能电饭锅便会自己启动，开始熬粥，如果家里没有米了，它还会给超市下订单，让超市送货上门。

人工智能已经不像机器人一样，满足于简单的执行程序，而是在主动解读人大脑中的意识，试图从心灵上与人取得对接，这是它的伟大之处，也是可怕之处。也由此可见，未来的世界是被心灵塑造的，就连人工智能也懂得要走心灵的路线。

农业社会和工业社会把人变成了奴隶和工具，信息社会把人变成了懒人和空壳，这些问题的根本原因是人的心性在退化，所以第四次浪潮的突破点是人的心灵。

高科技也好，人工智能也好，只能被人类所用，但如果心性继续退化，那么人类将反过来被人类自己制造的智慧绑架。

在未来世界，人类的发明和创造更加注重精神和思想层面，每一种产品都是可以深入人的精神和思想的，它们能控制人的意识层面，一旦控制了人的意识层面，很多行为、很多思想就被控制，结局很可能是毁灭性的。这就要求人类必须提升自己，要开发潜意识中的智慧。第四次浪潮是以潜意识革命为主导的，潜意识能量的运用能保证人类始终处在智慧的前沿，不被更高的智慧奴役。

很多人遇到困难会寻求我的帮助，这些问题五花八门，几乎涵盖了工作和生活的各个方面。有的人走不出童年阴影，有的人在择偶上不知如何取舍，有的人夫妻之间关系不和谐，有的家长和孩子有隔阂，有的人工作上总是遇到小人，有的人不知道该如何与领导相处，有的人业绩总是提不上去，也有的公司即将倒闭、几百号员工将无路可走，有的人想给企业更换产品又把握不住市场，还有的人精神苦闷、看透人生、觉得活着没什么意义……不同的问题我会给出不同的答复，但归根结底出发点都是一样的，那就是回归心性，回归本我，开发潜意识中的智慧。

对于那些被困于童年受到的伤害的人，我帮他找到病根在哪里，这个病根可能连他自己都不记得了，找到病根之后排除负能量，卸下负担；对于那些在择偶上迷茫的人，我帮助他们回归本我，尊重内心发出的选择，尊重灵魂的判断；对于那些夫妻关系不和谐的人，我帮他们排除负能量，调控频率，以达到夫妻同频共振，吸引到健康、和谐、幸福；对于家长和孩子之间有隔阂的情况，我帮他们反思自己，放下对彼此的过多要求，回归最初的心性，用爱相处；工作上总是遇到小人，或者不知道该如何与领导相处，以及业绩总是提不上去，我教他们常反思、常反省、常顾虑、常自律，增强对事情的判断力、辨别力和分析能力，调动起潜意识中的智慧，突破自我；面临企业倒闭和市场多变的情况，我帮助这些企业家与员工心灵链接，打造一个强大的团队，与市场链接，打通财富的能量场，并帮他们找回感知力，增强判断、辨别和分析、感知的能力……

总之，要在心灵层面改变他们。我的初衷不仅是帮他们解决当下的问题，也是在帮他们适应未来，毕竟未来是被心灵塑造的。有句话叫一步赶不上，步步赶不上。同样，这句话反过来说也成立，大潮来临之际你比别人早迈出半步，以后你就比别人高出一个层次。

第三节
灵性的高度将是未来成功的标准

灵商（SQ）就是对事物本质的灵感、顿悟能力和直接思维能力。
——达纳·佐哈《灵商·人的终极智力》

曾经有人跟我探讨人生的玄妙之处，我认为人生的玄妙之处便在于懂得突破意识层面的限制，开发潜意识中的智慧，开启灵性的一面，赋予生命无限的可能性。同样，这也是决定个人荣辱、企业成败的关键。在将来，人们将更注重灵魂层面的开发和修行，灵性的高度将会是未来成功的标准。

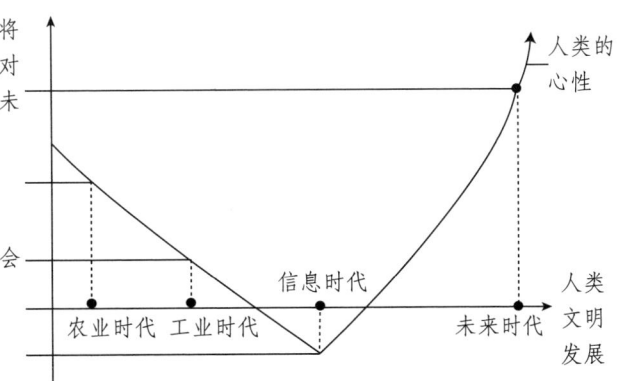

伴随着文明发展，人类的心性一直在衰减。第四次浪潮是潜意识层面的革命，心灵层面的革命。在将来，心性将回归，重新成为一个人精神的主体。

灵性的表现之一是对潜意识能量的开发和运用。**潜意识开发的程度决定了一个人能达到的高度，过去如此，现在如此，将来也是如此。**

一部好莱坞大片《超体》让很多人认识到潜意识开发的重要性。

> 女主角原本是一个普通人，一场意外让她开启了潜意识中的智慧。普通的物种只用了大脑潜能的3%～5%，人类经过复杂的进化，成为这个星球上大脑最发达的动物，大脑的使用量也不过就10%，但这10%已经足以制造出今天的人类文明。女主角的大脑使用率达到20%的时候，开始充分探索和控制自己的身体，大脑能唤起最遥远的记忆部分；达到40%的时候，可以控制他人，可以控制物质……

《超体》虽然被定义为科幻片，但里面的科学知识并非虚构。自古以来，各行业里面的领袖人物，都是潜意识智慧运用比较多的人。比如科学家，比如政治伟人，还有商业天才。潜意识能量运用也遵循"二八法则"，甚至还要夸张。多数人运用的是意识中的智慧，只有少数人运用的是潜意识中的智慧，但结果却是前面的多数人要为后面的少数人打工。

如今社会各个阶层都呈现出金字塔状，底层的人都是只运用意识智慧的普通人，越往上的人越懂得运用潜意识中的能量。为什么当初一个学校、一个班级毕业，有的人成了亿万富翁，而有的人则给别人打工？当初接受的意识层面的教育只是个基础，关键在于你有没有开发潜意识中的智慧，开发了多少潜意识中的智慧。科学家、大老板、发明家、作家、歌唱家……他们都是潜意识能量运用得比别人多的人，在不同领域取得成就则是因为他们每个人身上的频率不同的关系。

因为阿里巴巴的成功，最近几年很多人都在探讨一个话题：下一个马云何时出现？或者说：谁将成为下一个马云？

要想讨论这些问题，首先要搞清楚马云为什么能够成功？马云并非天才，考了三次大学才考中；马云也不是富二代，他的父母都是普通的文艺工作者；据马云在一次演讲中说，他最初接触电脑的时候甚至连优盘往哪里插都不知道，但他却判断出计算机将决定未来社会的发展方向；起初大家都不相信有人会从网上买东西，毕竟看不见、摸不着，但他已经看到了未来的趋势，结果是现在几乎每个人都在网购……

马云的事例证明，决定一个人成败的不是知识和技术，而是判断力、辨别力、分析力和对未来的感知力，是心灵的力量。

马云的思维高于一般人，他总是在想几年甚至十几年之后的事情，事实也证明他的预判大多是正确的。马云动用的绝对不是普通人运用的智慧能量，只有学到这一点，去开发自己的大脑，才有可能成为下一个马云；如果是单纯地模仿，是复制不出下一个马云的。

当下社会90%的人都是在机械地学习和模仿，从学校里接受教育，不假思索，受到社会环境和家庭环境熏陶，习以为常，渐渐忽视了自己潜意识中的能量，并最终将其遗忘。而即将到来的第四次浪潮，便是以开发潜意识能量、回归本性为主导。

灵性的另外一个表现是回归本性。

《超体》中女主角随着潜意识开发程度越来越高，本我被逐渐唤醒，她记起了小时候的事情，记起了母亲乳汁的味道，一个原本只知道疯玩儿的女大学生，突然有了正义感和责任感，懂得欣赏一朵花、一只鸟的美好，而这就是本我的力量。

人之初，性本善。本我中蕴含着一个人的智慧、纯洁和善良，是潜意识智慧的一个方面，小孩子没有被后天环境污染心性，用的都是潜意识中的能量，所以他们的眼睛总是那么清澈，眼神总是那么无邪。但是伴随着年龄的增长，受社会和家庭环境熏陶，欲望越来越多，遮掩了纯洁的本性。直至某一天，回头已经望不见本我，将其遗忘。

我接触过很多宗教体系的大师，也到美国、印度、泰国和新加坡的宗教场所去拜访过，其实各派宗教的一个共同主旨之一便是教人放下，回归本性。很多宗教都认为，人的灵魂是平等的，但在人世间被贪欲迷惑，变得不平等了，这就需要人们放下贪欲和执念，回到最初的本我状态，以爱来对待他人。

古往今来，凡圣贤大师、有为之士，都不是复杂的人，而是用最简单、最纯洁的作为让他人信服、感化他人。未来的社会将进入潜意识革命时期，人们更加注重灵魂层面的进修，回归本我将是最重要的目标。

随着对潜意识能量的认识和重视，随着当下社会人们心理疾病的蔓延，随着科技和经济的发展达到顶点，一场潜意识革命势在必行，下一次浪潮正在涌起。这些年我一直在倡导潜意识开发和回归本性，希望更多的人能在历史车轮向前滚动的时候顺势而为，抢占先机，而非原地踏步，甚至逆行。

在帮助人们开发潜意识、回归本我的事业中，我只是个先行者，相信将来会有更多的人参与进来，让更多的人解除痛苦，从中受益。

案例：印度古庙文明对话之旅 ▶

文明的发源地、昌盛地同样是正能量的聚集地，近些年我多次带领学员们前往各种文明的发源地、昌盛地游学、考察，追寻文明源头，接受教育，吸收能量。

国内的地方，比如被尊为"五岳之首"的泰山，自秦始皇在此封禅，历代帝王不断在这里封禅和祭祀；比如千年古都西安，历史上先后有13个朝代在这里建都；比如一代圣人孔子的家乡曲阜，再比如宝岛台湾等等。

国外也有，比如佛教和印度教的发源地印度；比如佛国泰国，我曾受扶轮社邀请前往清迈寺庙文化交流；再比如美国圣多娜，这是世界上有名的文明圣地，颇为神秘，当地有句俗话说："上天创造了大峡谷，却把家安在了圣多娜。"

每到一个这样的地方，都是一次与不同文明对话的机会，这样的对话总是能碰撞出思想的火花，让人受益匪浅。很多关于心灵提升的问题在对话中找到了答案，对于运用宇宙智慧的初学者比较有帮助，所以试着把一些对话的成果记录在这里。

拜访新加坡的克里斯南印度庙，与神庙的老法师对谈，是比较有代表性的一次文明对话。克里斯南印度庙是新加坡一座具有上百年历史的神庙，里面供奉的是宇宙的创造神，当地人都尊称为"大佛"，这是一个崇尚信仰的地方，新加坡总理都来此参拜。寺内的老法师是政府专门从印度请来的大师，德高望重。2011年8月，我有缘到此，与这位老法师有过多次关于宇宙能量与各团体组织，以及个人命运关系的深入谈话。试着把其中一些关键点总结在这里：

第一个问题：很多人会有疑问，为什么不管是国内的儒家、道家，还是国外的佛教、印度教和基督教等各文明体和思想源流，你们都能融洽地交谈，难道它们之间不应该是互有冲突和相互牵制的吗？

答案很显然不是。我与各教派对话的对话点是什么？各类教派起源不同、规则不同，我为什么都能与它们兼容？因为我们的出发点都是一致的。无论是什么信仰，出发点都是爱，都是教人们摆脱烦恼和痛苦，获得快乐。爱是我与各文明体交流的基础和共识，所以它们之间不会有排斥。

爱需要发自内心，是心灵层面的活动，所以各文明体还有一个共同点，那就是最关键的修行都是心性方面的修行，所谓修心。内心升华，最终与宇宙同频同在。凡是圣贤大家，都是在阅历的基础上修行内心，只有如此，方能开悟。

第二个问题：为什么新加坡一个小小的国家，金融业居然如此兴盛？国民素质如此之高？如果是因为他们有信仰的话，那为什么一些思想和文明渊源相近的国家和地区不像新加坡这样国泰民安，反而局势动荡，犯罪率居高不下呢？

不只是个人，一个国家的兴衰程度也与心性的修行程度有关。新加坡是一个多元化的国家，思想流派众多，不同文明体之间和谐相处。到了周末，很多国民都会选择一家大小共同去做义工，做慈善，修炼心性，形成一种品德高尚、灵魂纯净、正能量强大的能量场，经济发达、国民素质高也就不足为奇了。

当每个人的心性都在提升时，人们身上的能量就会自动散发，社会的风气、环境才能真正得以净化和提升。

新加坡那样一个小小的国家，给人感觉却是很和谐、很温暖，国民呈现出很祥和、愉悦的氛围。一个国家要想强大，人们的生活幸福指数要提升，必须教化人心、提升心性对美好事物的认知度。不同国家的经验和教训告诉我们：一个民族的心性对民族的未来起着至关重要的作用，决定着一个民族的未来是否繁荣壮大！

第三个问题：潜意识能量运用与各文明体中的内在提升有什么关系？

各文明体中的圣贤和导师，都是链接到最高能量的人，所以他们拥有最强大的智慧。

一个人无论身在何种文明体，只有在心性层面修行，才能回归本我，才能发出正确频率，才能激活潜意识中的能量。

关于本我，人的成长过程就是一步步远离本我的过程，心灵一步步终止成长的过程。修炼心性的过程就是找回本我的过程，当你真正找到根源、回归本我的时候，便会找到善根，善根发射出来的都是正能量，对人心理的影响都是积极、向上、喜悦、富足、帮人成长的，当人们接收到这样的频率后，心性使然，就不会造假，不会制造有毒产品，不会给人们吃地沟油，不会在食品里添加有害成分……人的根便在于人的善根的心性。

每个人都有善根、善性，我常常做的工作便是让一些人认识到他的善根和善性，让他知道物质的追求是有度的，知道君子爱财取之有道，当一个人得到了你不该得的财物的时候你必有一伤，这是自然界的规律，这也是人类心性的规律。无论是去除意识、潜意识中的负能量，还是重塑一个人高尚的品德，都是在帮助他找回本我，找到自己的善根。

人的意识有自己的频率，宇宙中也存在同等的属于自己的频率，如果能对接上的话，人生就会散发出无穷的智慧和能量，人生美满、家庭幸福、事业顺利！但也有可能对接不上，比如能量场不够强，定力不足，对周围的人、事就会缺乏辨别力，在对接宇宙中繁杂的频率时，就很可能对接错，从而对人生产生不利影响，做出错误的选择，导致人生旅途不顺利。很多人抱怨："我那么努力，上苍怎么不厚爱我，让我处处不利，让我总找不到属于自己的精彩瞬间？"原因就在这里。

关于潜意识中的能量，各文明体都是在调动一个人去运用自己未知的能量，达到向往的生活。每个人的潜意识中都蕴含着无数的能量，但是能打开潜意识的智慧之门、触发这些能量的人少之又少。当一个人修炼心性，回归本我，发出正确的频率，便能激活潜意识中的智慧，迸发出无限的力量，拥有更广阔的人生。

但是当下的形势不容乐观，人类普遍存在心性不足和迷失的现象。随着人们"贪"念的增加和扩大，人们越来越迷失了本有的意识，迷失自我。现今的社会，人们在金钱的诱惑下，丧失了本有的纯真本性，贪、嗔、痴主导着很多人的心性，使整个社会风气越来越差，为了追求财富最大化，不惜丧失道德品质。对财富的极端追求，使人失去了对心性提升的时间和兴趣，财富的无限扩大和心性能量的极端萎缩，导致人类的愚痴心加重，获得了财富，迷失了智慧，使很多人拥有更多财富的同时，迷失了自我！

一个人本我的心性中便蕴含着纯净、巨大的力量，只是日积月累的生活给它覆盖上了层层尘埃，宇宙能量运用学要做的便是努力拭去尘埃，恢复心性原有的面貌，把心交给智慧。

第四个问题：各文明体是否存在局限性？

无论何种文明的思想都有自己的局限性，比如它在成为人们的精神支柱的同时，很容易成为一种"障碍"，让大众只能得到与该文明体相应层面的能量。这方面最典型的例子要数印度了。

印度是四大文明古国之一，是佛教和印度教的诞生地，宗教气场很强，相对别的地方，这里的人们更注重在精神层面的修行，按说这里应该是一个能量很强大的地方，但现实中的印度却是贫穷落后的，为什么会这样呢？

答案并不复杂，相对于其他国家人民那种对物质的贪欲，印度人更注重精神状态的满足。根据吸引力法则，你想要什么就会得到什么，物质需求使其他国家得到了经济上的发展，不可避免人与人之间的争斗越来越多；对精神的追求使印度人没有好斗之心，尤其在农村，更多的是人们随地而坐，或休息，或聊天，得到了精神上的满足。

我去过印度，感觉那里的人淳朴善良，十分友好，同时又有些懒散。他们把宗教的影响充分地运用到了精神满足的领域，但同时止步于此，没有在经济和事业上有所发挥，这是让人遗憾的地方。

第五个问题： 同古老文明体相比较，潜意识能量的超越之处体现在哪些方面？

这种能量在一些方面对各古老文明体有超越之处，也可以称之为有所弥补。比如众所周知，佛教核心的一个基础是"因果论"，但是这种因果论严格来说有些"残酷"。某人得了重病，眼看要离开人世，按照"因果论"来讲这是他命中注定的事情，不可更改。但是如果他的命运能被更改，暂时留在人世，去传播爱，去积德行善，这样的结果是不是比单纯的"因果论"更有意义呢？

有的宗教中会说顺其自然吧，一切都是命中注定的，这是典型的自我安慰，反映了人内心的消极。上门找我帮助的人中有的曾经混过黑社会，甚至有坐台的"小姐"，如果按照命中注定的说法，他们就没有翻身的机会了。但是在我的帮助下，他们重新找到了人生的价值，好好做人，照顾他人，传播大爱，这种转换是值得去做的。

当今世界一边是飞速发展，日新月异，一边是人心贪婪，精神透支，一个人稍有不慎，就会失控，或者是家庭方面，或者是事业方面。每个人遇到的挫折不同，人生道路不同，选择的化解方式也不同，但无论是哪种学说，哪门宗教，与潜意识能量的运用都能和平共处，相互交融。

第八章

潜意识能量开启人类大未来

第一节
人人都有感知力

随着潜意识革命的到来，处于第四次浪潮中的人们将更加注重灵性的修炼，回归本我，向潜意识寻求智慧和能量，届时一个最基本的改变是人人都将获得感知力。

现在提起感知力，很多人觉得很神奇，但就像人们第一次接触电，第一次接触手机，第一次接触电脑一样，终有一天人们会对感知力习以为常，它将成为人们生活中很普通的一项技能，辅助人们生活得更加幸福，社会更加和谐。

所谓感知力，其实就是人们对未来可能发生事情的预测、预判能力，每个人身上都具备，只是很多人的心性在欲望中迷失，一些潜意识中的功能被蒙蔽或者遗忘，潜意识革命便是引导人们去找回被忽略的那个强大的自己。

本着科学探索的精神，科学家们没有全盘否定，而是给予了人们思考的空间。科学家们不否认，个别人在这方面有例外，他们可能保留了一部分这种能力。这类能力，偶尔会表现出来。有的科学家曾拿林肯的梦举例：

> 林肯是美国历史上最有名的总统之一，他带领北方军取得南北战争胜利，废除奴隶制度，赢得了国民的尊敬。但是，他的作为也遭到一些极端分子仇视，有人想暗杀他。
>
> 1865年4月1日晚上，林肯做了一个噩梦，梦中他在白宫的走廊中踱步，隐约听到哭声，他挨个房间查看，想要搞清楚到底发生了什么。最后他在一间房间中发现很多人围着一副担架在哭泣，伤心无比。他走进人群，看到担架上摆着一具尸体，上面还覆盖着美国国旗。他问一个人，谁去世了？那人泣不成声，告诉他："我们亲爱的总统被暗杀了。"
>
> 林肯听后心里一惊，总统被暗杀了？那不就是自己吗？
>
> 林肯从梦中醒来，把这个梦告诉了自己的妻子。接下来的两天，他又跟身边的人提起这个梦，大家都被他的一本正经弄得很紧张。
>
> 4月4日，也就是做了那个梦三天之后，林肯在一家剧院的包厢看戏，结果遭遇暗杀，他的那个梦应验了，或者说林肯提前感知到了自己的命运。事后他身边的人很后悔，没有重视那个梦，如果能提前做些应对措施，可能他们就不会失去这样一位好总统了。如果真是这样，今天美国的历史、世界的历史可能都要重写了。

有专家专门研究过人类对即将发生的灾难的感知力，结果证明普通人确实有感知灾难的能力，他们的大脑会收到关于未来的信息，只是每个人情况不一样，大部分人收到的只是一个模糊的感觉，而不是明确的提醒，很多人的意识会把这些信息忽略，而个别人的潜意识将这些被意识遗漏的信息转化为了行动，便避免了灾难。

当下社会中，人们对于感知力的研究和开发远远不够。感知力是潜意识智慧的一部分，是本我的一个表现，归根结底，人们在运用潜意识能量方面还有很长的路要走。不过，这将会成为一种趋势，人人都会获得感知力，所以说谁先重视潜意识开发谁就能占领未来的高地，当下领先别人一小步，将来就会领先别人一个时代。

当潜意识智慧被开发，人们便会拥有一种超越自我的智慧，这种智慧不是从书本上能学来的，不是从生活中感受来的，而是发自内心深层的一种智慧。 这种智慧能帮助一个人塑造真正的辨别力、判断力和分析力。一个人的成功与失败，关键就在于他的辨别力、判断力和分析力是否够清晰。

纵观人类的发展史，那些在关键节点上提升人类生活幸福感，改变人类命运的伟人，很多都有感知力：第一个发明相机的人，第一个发明X光片的人，第一个发明CT的人，以及发明B超、彩超的人等等。很多发明是之前不存在的，那它们来自哪里？来自这些发明家的大脑，他们的大脑中已经存在这样的东西，他们只是将其变为了现实。

这些发明家改变了人类的发展，他们潜意识的开发程度远远高于一般人，常人用意识做事，而他们的很多发明都是具有开创性的，前无古人，是无法从意识中产生的。人们一般称他们是天才。比如文艺复兴时期的巨匠达·芬奇，后人从他的手稿中发现他设计过直升机、变速箱、坦克、潜水艇、降落伞、闹钟、自行车、照相机、起重机、温度计，甚至还研究了一套方法能对人体进行心脏修复术，如果他的发明在当年能实现的话，人类文明将大大提前。毫无疑问，达·芬奇的潜意识开发程度肯定高于常人。

人类的潜意识中蕴含着无穷的能量，当第四次浪潮来临，潜意识革命影响到人们生活的方方面面，每个人都懂得灵性修炼，将自己的意识与潜意识链接，迸发出无穷的智慧，回归本性，重启感知力，届时，科学家、画家、作家、发明家会处处皆是，高智慧、高智商的人将成为社会的主流！

当一个人后天的智慧与本我的智慧打通，潜意识大门打开，分辨力、分析力、判断力增强，便会触动心性，达到一种通透的状态，也就是人们通常称的"开悟"。虽然当下社会还存在很多问题和遗憾，但人的改变有时候只需要一秒钟，只要你抓住眼前的机会，做出一个决定。任何人都有开悟的潜质，都有能让自己人生圆满的能力，是时候行动起来了，走进潜意识的大门，获得自己的感知力。

第二节
领导力革命：领导者最高境界不是给予，是引路

为达到最高境界，你必须栽培再生性强、能够培植出领导人才的领袖。培养追随者，得到相加的效果，培养领导者，得到相乘倍数的效果，这就是"爆炸性倍增法则"。任何遵行"爆炸性倍增法则"的领袖，将从跟随者的成长模式转换成领导者的成长模式。一旦你掌握这种模式，成长将永无止境。

——世界级领导力大师约翰·C.马克斯韦尔《领导力 21 法则》

有位富翁喜欢做慈善，帮助那些有困难的人，人们也很尊敬他。一天他在湖边散步，发现一个小男孩蹲在地上，手里不知道摆弄着什么。他很好奇，上前去看，结果发现小男孩用草茎在摆弄一只蚂蚁。他问道："小朋友，你在玩儿什么呢？"

小男孩说："我在帮这只蚂蚁引路，它迷路了。"

富翁笑了，说："我看你手里有面包，为什么不给这只蚂蚁点面包屑呢？"

小男孩严肃地回答道："面包总有吃完的时候，如果它不能找到自己的同伴，回不了家，面包吃完后还是会饿死的。"

这位富翁蹲下身子，和小男孩一起努力，终于帮迷路的蚂蚁找到了自己的伙伴，当它回归队伍的那一刻，又是晃头又是摆动触角，别提有多高兴了。

富翁站起身子，对小男孩说："谢谢你给我上了一课。最高级的慈善不是施舍，而是指路。"

一天一位女士抱着孩子找到这位富翁，哭着说自己的遭遇，丈夫一年前车祸去世，自己现在没有工作，房子也因为还不起贷款要被银行收走，希望能得到帮助。如果是过去的话，富翁可能会立刻掏出支票，给她一笔钱，但现在他不这样做了。他问这位女士能做什么，女人说自己没什么本领，以前在餐厅做过服务员。

富翁说："那真是太好了，我有家餐厅正好缺帮手，你就去那里上班吧，我让财务先给你预付两个月的薪水。"

一年后这个女人成了餐厅的领班，她感谢富翁对自己的帮助，尤其是给了她前进的方向，还照顾了她的尊严。

一个大学找到富翁，希望能得到他的捐助，帮助一些贫困家庭的学生完成学业。富翁没有答应捐助，而是答应给这些学生到自己旗下超市勤工俭学的机会，并保证毕业后优先考虑给他们工作。后来，果真有几个学生毕业后进入了他旗下的公司上班。

在接受媒体采访的时候，这个富翁说："做慈善不能是一次性的，单纯的施舍不能根本解决问题，甚至还可能让人变得懒惰，养成不劳而获的习惯。"最后他说，"就算是做慈善，也要讲究智慧。"

在以开发潜意识、回归心性为主导的第四次浪潮中，领导力也将掀起一次革命，领导最重要的职责不再是管理和给予，而是开发他人心智，指引属下意识到潜意识中的能量，回归本我，让每个人都从心底自我更新，成为一个更美好的自己。

以管理和给予为主要职责，这是一种低级的管理模式，不适应即将到来的新时代。农业社会时代每个人都是奴隶，工业社会时代每个人都是工具，信息社会时代每个人都是空壳，但未来世界是被心灵塑造的，人们将在更高层次上平衡自己，相应地，对管理者、领导提出了更高的要求。如同"最高级的慈善不是施舍，而是指路"，在将来，领导者的支点不再是物质的给予者、规则的实施者，而是心灵上的引路人。

有话说"能用钱解决的问题不算问题"，这虽然是句玩笑话，但不无道理，很多人的问题根本不是钱能解决的，他们更需要心灵上的引导者。

一位老板精神苦闷，找到我寻求帮助，他不算特别富有，但已经超出普通人的水平。我发现他在性格方面、做事方面都存在问题，便着手解决这两点。

他性格有些傲慢，我便故意安排几件事为难他，几次打压之后他开始反思自己。他对自己做事的能力很自信，但不知道自己的思维方式有很大缺陷，缺乏辨别力和分析力。在一个企业做管理，如果不能够正确地辨别、分析，迅速做出决策，轻则错失机会，严重的话会带来巨大损失。

我先是让他意识到自己的问题，又几次故意安排事情去考验他、磨炼他、调动他潜意识中的能量，帮他改善思维方式，增强辨别力、分析力和判断力。一次他遇到一家同行企业的老总，交流过程中很快根据当下的行业趋势和对方企业的自身状况，为对方制订了一个销售战略和具体的销售方案，并给这个企业做了未来3年的规划。事后证明，他规划的战略和方案都是正确的，那家企业的老总开出百万年薪聘请他做市场营销总经理兼市场总监。

他的能力提高了，更重要的是心灵上的提升。一次他去参加行业论坛活动，遇到一家企业老总，交流中他发现这家企业面临倒闭的风险。他主动提出帮对方渡过难关，有人问他，不是都说同行是冤家吗？再说，每天倒闭的企业多了去了，挽救这一家也没有多大的意义。但是他说："这家企业起死回生，他的员工就有饭吃。这家企业生存下来，他就能发挥社会价值，给国家交税，给社会提供就业机会。这是功德无量的事情。"从这段话可以看出，他已经不再是当初那个精神苦闷的人了。

一位母亲因为家庭和孩子的苦恼来到我面前，我看出她是个争强好胜的女强人，欲望已经让她走得太远，所以我接下来要做的就是引导她回归本性。

她按照我说的，反思了自己的这些年：

关于孩子： 2003年9月，孩子升入一年级。我开始关注她的学习，因为自小我的数学成绩差，我不想她走我的路，于是格外看重她的成绩。但是，事与愿违，我的虚荣和浮躁恰恰害了孩子，一年级的考试她竟然在班里倒数。我真是火冒三丈。我母亲曾经无数次告诫我，每个孩子的情况不一样，千万别拿自己的孩子和别人去比。但那时的我争强好胜，听不进去，一意孤行。考不好，就进行惩罚，比如，不给孩子过生日，不让她和小朋友玩耍……

随着孩子的成长，我对她提出很多要求，逼着她参加学校的很多活动，没有征求孩子意见就给孩子报名，比如英语班、经典诵读班，晚上还要练钢琴等……把她的业余时间安排得满满的，她就像小陀螺一样整天转个不停。我忽视了这些不是她内心深处需要的东西。或者，干脆说，这些都是我的想法强加在她的身上，是我需要这些荣誉。

关于老公： 以前的我，自认为家庭幸福，老公知冷知热，孩子乖巧可爱，再加上事业有成，我是一个幸福的女人。可是，渐渐地，我忽视了老公，因为性格内向，他在单位里不被重视，回到家中，我又对他提出很多要求……如果他做不到，就会陷入沉默。

后来公公得了重病，他的主要精力都放在陪父亲看病上，四处奔波……工作压力也逐渐加大，压得他无法喘气。就这样，老公陷入了工作和生活的双重压力中。

在老公的眼里，我是他的全部。他特别在意我的态度，他说话、办事都是顺着我的意思。可是，我没有珍惜这些，反而觉得他做得还不够好。

其实，仔细想想，老公真的很疼我。想当年，他用自己积攒的工资给我买了电动车，买了电脑，买了手机……这些在当时的小镇上都是超前的，也曾吸引了无数羡慕的目光。虽然，老公生性内敛，从没有什么花言巧语，但我敢肯定地说，他能爱我一辈子。

关于工作：在单位，我需要不断来证明我的能力，尤其进了学校的教导处之后，这是整所学校的核心处室，工作量大，特别繁忙。渐渐地，我的世界里只有我的工作，加班加点是家常便饭。

工作上的压力和孩子的状况使我变得不够冷静，经常和老公吵架，孩子经常呆呆地站在旁边……

我告诉她，她的欲望让她偏离了本性，对孩子的期盼和对丈夫的爱都成了一种负担，这种错误使整个家庭处于一种负能量场中，结果便是每个人都很爱对方，却谁和谁都关系很差，夫妻之间不和谐，家长和孩子之间不信任，每个人都在痛苦中挣扎，更可怕的是不知道这种痛苦的尽头在哪里。

这位女士身上的负能量太多，正在逐渐压垮她，压垮她的家庭，我先帮她排除了负能量，让她认识到问题，卸下包袱；又帮她重新构建了能量场，让她回归本性，摒弃一贯的强势，遵从自己的初心，去爱孩子，去关心老公。

经过一段时间的调控，从她的反馈来看，效果很显著：孩子最大的变化，知道感恩，知道孝敬老人，还亲自走进厨房，做了西红柿炒鸡蛋给我们吃……现在的她，能敞开心扉，和我说心里话，听听我的建议。我们重新回到美好时光。老公主动洗碗，一日三餐，天天如此。

在单位，我会站在职工的角度去处理问题，不再像以前那样发脾气，训斥他们。我会约他们到办公室或操场，很坦诚地把问题解释清楚，消除误会。有两个老师因为生病来请假，看到她们消瘦的面孔，我很是心疼，都是女人，都是职业女性，不容易。我把自己熬的阿胶送给她们，嘱咐她们平时要多锻炼，多休息，放平心态。回到家，我把这些故事讲给孩子听，她很支持我。

我为她的改变感到高兴，这些改变又怎么能用金钱来衡量呢？

在这个心理压力越来越大、欲望越来越强、人心越来越迷茫的时代，在第四次浪潮即将到来、人们即将进入潜意识能量开发和运用的大潮的当下，心灵引路人的需求越来越多，而这也将是未来领导者的必修功课。

学员来信

每一次见路老师都有不同的收获和感悟。因为我是在机关单位上班，年龄也小，所以平时遇不到大风大浪的事情，只说一些生活中小细节的改变：

第一，心态、价值观的变化。之前总是感觉生活很平淡，没意思，现在每天感觉生活真好。特别是早上上班的时候，感觉生活真好、活着真好，就算遇到烦心事，心里能沉住气，不过于焦躁，也许这就是正能量发挥的作用吧。

第二，周围环境的微妙改变。之前因我的人缘不错，与同事、朋友的人际关系很和谐；现在我比之前更招人喜欢，获得了更多的信任。之前工作挺忙，努力用心去做也经常忙得焦头烂额，感觉很吃力；现在依然努力好好工作，但工作几乎都能完成，有时候时间稍微偏差一点，完不成工作，也不会给领导、同事留下不好的印象。

第三，感知力提高。之前往往凭着感觉去做事，对人也是这样，现在感觉我对人或事物的看法，无意识做出的判断、选择，常常会让自己处于一个有利的环境中，并且越来越喜欢和优秀的人一起。

最后，回归本性。之前我不相信自己认知之外的事物，现在我喜欢上了看修身养性的书，喜欢思考，慢慢地感受到"大爱""慈悲"的伟大，让我回归到最自然的我、最人性的我，驱使我去实现自己的价值，去传递、温暖他人。

……

——一位心怀感激的学员

第三节
潜意识能量运用将成为一门显学

所谓显学，顾名思义，指的是与现实联系密切、能引起社会广泛关注、能对社会的理解提供方法和建议的学科。一门学科成为显学意味着它在大众中具有普遍的基础，它符合这个社会人们价值观的选择，与人们精神的需求相契合。无论从哪一方面来讲，潜意识能量运用成为显学都是一种必然。

首先是科学技术和医学的进步，人类对于"潜意识""自我"有个更本质的了解，为潜意识能量运用奠定了基础。

在潜意识开发的历史上，弗洛伊德发挥了关键作用，是具有开创性的人物，他让"潜意识"的概念在大众文化中普及开来。但是在他之后很长的一段时间里，和潜意识有关的一切都被认为是通俗心理学的一部分，很难单独成为一门学科，根本原因便在于对潜意识的观测只停留在了初级阶段，缺乏从科学、医学角度进行深入研究。

尽管之后的荣格和很多心理学家也都投身潜意识的研究，但所采用的方法只能得到极为有限的信息。比如弗洛伊德采用的方法是与病人大量交谈，从交流中观察对方精神的思考过程。这样的方法没有什么专业的工具配合，只能进行自以为合理的推断。

弗洛伊德很多发现后来被证明是正确的，但在当时，从科学研究的角度来讲，他的方法是有很大缺陷的。好在随后情况有了好转，尤其是人们不断发明直观观察大脑的仪器，能定位潜意识活动的区域。

20世纪90年代末期，距离弗洛伊德发表《梦的解析》已经过去了将近一个世纪，这时候一种开创性的医学技术成为医学和科技领域的宠儿，那就是功能磁共振。利用功能磁共振成像，即便隔着头骨，人们也能看到大脑内部的活动情况，得到一份大脑的三维图。更关键的是，这种技术还能帮助人们观测大脑中不同区域的活跃性的变化，方便科学家和医学家将一个人的心理活动与大脑中的相关区域定位、链接。

之后更先进的医学技术诞生了，观察和研究人的大脑变得更加简单，结果更加精准。伴随着人们在观察大脑上有了新的技术、新的能力，对于潜意识的认识也有了更多科学和医学上的支持。

如今，已经没有人否认人的大脑中存在着一个潜意识的世界，一个观察智慧起源和智慧开发的学科呼之欲出，没有人再否认这门学科的科学性。潜意识在科学和医学上的确立，帮助潜意识能量运用获得大众认可，成为显学，打下了坚实的基础。

其次，当下社会环境、人类生存状况，人与人之间心灵的断裂，迫使人们重新思考人与宇宙万物的关系，潜意识能量运用受到重视。

浮躁已经成为当下社会最显著的特征之一，人们失去了古人的优雅，变得急功近利，心灵正在一步步被贪欲侵蚀。贪婪让人离自己的本性越来越远，让人丧失了纯洁和天真，结果便是社会风气越来越差。为了满足自己内心的贪欲，为了追求最大化的利益，无论是个人还是企业，都在一步步拉低道德的底线。有毒食品司空见惯，没有营养的文化产品肆意横行，暴力事件越来越多……

人类的贪婪对生存环境的破坏也达到前所未有的高度，森林植被被破坏，河水海洋被污染，大气中充满了有毒空气，很多地方更是出现了癌症村，令人震惊。但就是这样悲惨的现实，仍旧不能让一部分唯利是图的人醒悟，而是想尽办法捞一笔。整个社会笑贫不笑娼的环境也让这些人肆无忌惮，内心没有任何负罪感。

再就是心灵断裂，多少家长与孩子心灵断裂，无法沟通；多少家长还在用过时的强压法来管理自己的孩子，而不是敞开心扉，平等交流；多少夫妻之间心灵断裂，不再沟通和分享，婚外情泛滥，有钱人包二奶成为公开秘密；多少老板与员工心灵断裂，老板不懂得尊重员工，只是一味管制，回过头来又怪员工不够忠诚，不够卖力；同样，多少员工对老板缺乏感恩心，对公司缺乏责任感，只是一味责怪老板太抠，把问题都推到企业身上……

这样的社会环境只会让人类一步步走向毁灭，这时候人们不得不重新考虑人与宇宙万物的关系。宇宙万物的本质是能量，人的本质也是能量，人来到这个世界之初，本性中纯真、善良，但是受了社会环境和一些不良教育的影响，逐渐远离本我，远离纯真和善良，被贪欲带到一个自私自利、心灵断裂的地方。潜意识能量的运用能帮助一个人找回迷失的自我，从心性上回归本我，再造人与人、人与社会、人与自然之间的和谐关系。

所以说，潜意识能量运用满足了当下社会人们的心灵需求，使其成为一门显学有了广泛的社会支持。

最后，伴随着第四次浪潮的来临，以开发潜意识、回归本我为主导的潜意识能量运用将产生巨大的影响。

从农业社会到工业社会，从工业社会到信息化社会，人类在科技和财富领域的积累越来越多，但在心性上却一直在退步，表现包括懒惰、刻板、模式化，被信息绑架，逐渐沦为空壳……想要改变这种被动的命运，需要从根本上解决问题，不再是一味地在物质上追求累积，而应该从心性上、从心灵层面发起改革。

如同一段时间就会发生一次经济危机一样，人类社会在某个阶段发展到鼎盛之后也会重新洗牌，然后产生一个更高级的社会，从农业社会到工业社会到信息化社会，都是如此。当下的种种现状已经表明，信息化时代中人类面临的危机眼看就要突破人们的承受能力，一个新的时代即将到来，一次新的浪潮即将掀起。

在将来，心灵的高度将是成功的标准，人们更注重开发潜意识中的能量，注重本我的回归，从心性、心灵层面提升自己。届时，潜意识能量运用将成为人们最重视的一门学科。纵观人类历史发展，每一时期的繁盛背后都有相应的显学作为支撑。潜意识能量运用是一门古老的学科，但直到今天才被人们重视，相信在将来必将会大放光彩，提升每个人的幸福程度，让这个社会变得更加和谐。

（京）新登字083号

图书在版编目（ＣＩＰ）数据

内在的力量——在潜意识里与自己相遇 / 路侠著 .—北京：中国青年出版社，2015.11
ISBN 978-7-5153-3877-4

Ⅰ.①内… Ⅱ.①路… Ⅲ.①成功心理—通俗读物
Ⅳ.① B848.4-49

中国版本图书馆CIP数据核字（2015）第231380号

中国青年出版社 出版发行

社　　址：北京东四12条21号　　邮政编码：100708
网　　址：http://www.cyp.com.cn
责任编辑：刘霜 Liushuangcyp@163.com
编辑部电话：（010）57350508
发行部电话：（010）57350370
北京科信印刷有限公司印刷　　新华书店经销
700×1000　1/16　12.5印张　200千字
2015年11月北京第1版　2015年11月第1次印刷
定　　价：32.00元
本图书如有任何印装质量问题，请与出版部联系调换
联系电话：（010）57350337